现代电力工程与电气自动化控制

杜艳洁　宁文超　张毅刚　主编

吉林科学技术出版社

图书在版编目（CIP）数据

现代电力工程与电气自动化控制 / 杜艳洁，宁文超，
张毅刚主编． -- 长春：吉林科学技术出版社，2021.6（2023.4重印）
ISBN 978-7-5578-8291-4

Ⅰ．①现… Ⅱ．①杜… ②宁… ③张… Ⅲ．①电力工
程－研究②电气控制系统－研究 Ⅳ．① TM7 ② TM921.5

中国版本图书馆 CIP 数据核字（2021）第 122303 号

现代电力工程与电气自动化控制

主　　编	杜艳洁　宁文超　张毅刚	
出 版 人	宛　霞	
责任编辑	隋云平	
封面设计	李　宝	
制　　版	宝莲洪图	
幅面尺寸	185mm×260mm	
开　　本	16	
字　　数	220 千字	
印　　张	10	
版　　次	2021 年 6 月第 1 版	
印　　次	2023 年 4 月第 2 次印刷	
出　　版	吉林科学技术出版社	
发　　行	吉林科学技术出版社	
地　　址	长春净月高新区福祉大路 5788 号出版大厦 A 座	
邮　　编	130118	
发行部电话 / 传真	0431—81629529　　81629530　　81629531	
	81629532　　81629533　　81629534	
储运部电话	0431—86059116	
编辑部电话	0431—81629520	
印　　刷	北京宝莲鸿图科技有限公司	
书　　号	ISBN 978-7-5578-8291-4	
定　　价	40.00 元	

编者及工作单位

主　编

杜艳洁　天津市三源电力设备制造有限公司

宁文超　铂瑞能源环境工程有限公司

张毅刚　青海金世纪工程项目管理有限公司

副主编

柏贞杨　中广核新能源投资（深圳）有限公司山东分公司

崔海明　青岛理工大学建设工程监理咨询公司

范　璟　西安文理学院

李　虎　山东泰和盛达安全技术有限公司

孟　洋　河南骏化发展股份有限公司

王瑞丹　通辽市清洁能源技术中心

邢　宾　山东海化集团有限公司

邢仁光　国能生物发电集团有限公司济南检修分公司

赵文晋　广东埃力生高新科技有限公司

赵泽馨　济南市技师学院

编　委

马文杰　济南市技师学院

王永水　济南市技师学院

岳少剑　济南市技师学院

张方晓　济南市技师学院

前　言

伴随市场经济的飞速发展，电气工程与自动化技术广泛应用服务于工业生产建设领域之中，发挥着其核心优势作用，有效提升了生产工作效率，并实现了经济效益的稳步增长。目前较多工业经济建设项目均离不开现代电气自动化技术的科学辅助，例如，现代电力工统、污水处理行业等。本节就电气工程与自动化技术的显著优势，从工程改造视角，以污水处理工业为例进行了科学探析，对优化更新电气工程自动化技术，促进我国工业经济的继续腾飞，有重要的实践意义。

电气工程及其自动化，顾名思义，是指在电力生产到电力消费的各个环节和层次都使用自动化控制，其中涉及电力电子技术、网络控制技术、计算机技术等技术，具有综合性强的特征。电气工程及其自动化的特点主要体现在：强弱电结合、机电结合、软硬件结合等，而电力企业则运用各种设备进行发电、输电、变电、配电最终将电输送至用户。从某种意义上来说，电气工程及其自动化技术的应用很大程度上提升了现代电力工统的运行效率，尤其是新形势下用电量的急剧增加，电气工程及其自动化水平的提高为各个领域的正常运行创造条件，其直接作用于社会经济高效发展。

系统在运行的过程中能够通过特定的数据信息对相应的设备做出操作指令，发出的操作指令是能够即时到达的，由于如果设备不同的话，其设备的地址代码也不同，因而发出的指令十分准确，确保了精确操作，比起人工操作来说发生错误操作的概率是十分低的，因此，该系统的操作是快速高效的自动控制技术，并且该自动控制技术具有十分良好的交互功能，其所具有的交互功能能够和控制中心进行数据信息的反馈，从而进一步确保了控制的精确和高效。

网络结构中最为主要的是功能结构，相互之间构成一个整体，彼此之间相互联系，使得各个管理系统数据能够进行互换，资源共享，较之前更为快捷、安全，其独特的作用和价值也得到彰显。将企业商业的自动化各个领域有效结合起来，无论是在生产的设备、质量监督或者企业管理系统中都发挥了积极作用。

如果没有现代电气自动化的支持，那么，现代工业也就无从谈起，现代工业的是在电气化的基础上发展而来的。电力工统是一个十分庞大的统一的整体系统，系统中的装置及其所接的用电机器设备均是一些开放性设备，这些开放性的设备会受到周围环境的影响，因此，实现电气工程的系统自动化控制是必要的。

目　录

第一章 现代电力工统概述

第一节 现代电力工统储能技术

本节首先对储能技术的作用进行简要分析，在此基础上对现代电力工统中储能技术的应用进行论述。希望通过本节的研究能够对现代电力工统运行安全性和稳定性的提升有所帮助。

一、储能技术的作用分析

化石能源作为一次性能源，随着对它的不断开采使用，其总体数量日渐减少，在这一背景下，新能源技术随之出现，并获得了快速发展，其在现代电力工统中的作用逐步凸显。对于传统的火力发电而言，其主要是根据电网的实际用电需求，进行发电、输配电以及用电的调度与调整，而新能源技术，如风力发电、太阳能发电等，依赖的则是自然界中可再生的资源。然而，从风能和太阳能的性质上看，均具有波动性和间歇性的特点，对它们的调节和控制有一定的难度，由此给并网后的现代电力工统运行安全性和稳定性造成了不利影响。储能技术在现代电力工统中的应用，可以有效解决这种影响，从而使整个现代电力工统和电网的运行安全性及稳定性获得大幅度提升，能源的利用效率也会随之得到进一步提高，使新能源发电的优势得到了充分体现。

对于传统的电网而言，发电与电网负荷需要处于一种动态的平衡。具体来讲，就是电力随发随用，整个过程并不存在电能存储的问题。然而，随着我国社会与经济的飞速发展，这种生产电能即时发出，供用电保持平衡的供电模式已经与新形势的要求不相适应。同时，输配电运营中，为满足电网负荷最高峰时相关设备的运行正常，需要购置大量的输配电设备作为保障，从而造成现代电力工统的负荷率偏低。通过对储能技术的应用，可将电力从原本的即产就用，转变成可以存储的商品，在这一前提下，供电和发电不需要同时进行，这种全新的发电理念，不但有助于推动电网结构的发展，而且还有利于输配电调度性质的转变。综上所述，储能技术的出现及其在现代电力工统中的应用，对电网的持续、稳定发展具有积极的促进作用。

二、现代电力工统中储能技术的应用

（一）储能技术的常用类型

分析储能技术在现代电力工统中的应用前，需要了解储能技术的常用类型，具体包括以下两种类型，一种为直接式储能技术，即通过电场合磁场将电能储存起来，如超级电容器、超导磁储能等，均归属于直接式储能技术的范畴；另一种是间接式储能技术，这是一种借助机械能和化学能的方式对电能进行存储的技术，如电池储能、飞轮储能、抽水储能、压缩空气储能等。

（二）储能技术在具体应用

1. 电池储能技术的应用

现阶段，间接式储能技术中的电池储能在整个现代电力工统当中的应用最为广泛，现代电力工统的很多重要环节中都在应用储能技术，如发电环节、输配电环节以及用电环节等。

（1）在发电中的应用。正如上文所述，在现代电力工统中，通过对电池储能技术的合理应用，除了能够使电网的运行安全性得到提升之外，还能使电网的运行更加高效。在对电池储能技术进行具体应用时，储能系统的容量应当按照电网当前的运行方式进行估算，在国内一些电池储能示范工程中，平滑风电功率储能容量为一般风电的 25% 左右，稳定储能系统的容量为一般风电的 65% 左右，通过这一数据的对比不难看出，风能发电场的储能容量也已达到数十兆千瓦以上，并且电能的存储时间较长。

（2）在输电中的应用。在现代电力工统的输电线路中，通过对电池储能技术的应用，能够使维修和管理费用大幅度降低。可将电池储能系统作为电网中的调频电站使用，由此可以使容量的存储时间显著延长，从而提高输电效率。

（3）在变电中的应用。在变电侧，电池储能系统的运行方式为削峰填谷，其容量较大，最低功率可以得到 MW 级别，电能的存储时间约为 6h 左右，储能设备可从 10kV 母线上接入，并网运行。

2. 飞轮储能的应用

可将飞轮储能与风力发电相结合，由此可使风能的利用效率获得大幅度提高，同时发电成本也会随之显著降低，可以为电力企业带来巨大的经济效益，很多发达国家的岛屿电网采用的都是风轮储能，如美国、日本、澳大利亚等等。在现代电力工统中，绝大多数故障及电能的运输风险等问题，都具有暂态稳定性的特征，由此会对电网储能系统造成较大的影响。飞轮储能技术在现代电力工统中的应用，能够对电网中的故障问题进行灵活、有效地处理，为电网的安全、稳定、可靠运行提供了强有力的保障。这种储能技术最为突出的优势在于容量大、密度小、速度快。因此，在相同的容量条件下，应用飞轮储能可以达到双倍的调节效果。

3. 抽水储能的应用

在现代电力工统中对储能技术进行合理应用之后，除了可以是系统的供电效果获得大幅度提升之外，还能使自然能源的使用量显著降低，有利于能源的节约，符合持续发展的要求。抽水储能技术具体是指当电力负荷处于低谷期时，从下游水库将水抽到上游水库当中，并将电能转换为重力势能存储起来，在电网负荷处于高峰期时，将这部分存储的电能释放出来，从而达到缓解高峰期用电量的目的。通常情况下，抽水储能的释放时间为几小时到几天，其综合效率最高可以达到 85% 左右，主要用于现代电力工统的调峰填谷，该技术最为突出的特点是不会造成能源污染，同时也不会对生态环境的平衡造成破坏。在现代电力工统中对抽水储能技术进行应用时，需要在基础设施建设的过程中，合理设计储水部分，同时，还应确保抽水的力量大小与实际需求相符，具体可根据发电站的规模进行计算。随着容量的增大，存储的能量也会随之增加，为确保电力供应目标的实现，需要输水系统的参与。故，输水管道与储能部分之间的连接应当紧密，并尽可能减少管道的倾斜角度，由此可以使水流达到最大的冲击力，一次抽水后，可持续对能量进行释放，进而保证发电的连续性。

4. 压缩空气储能的应用

所谓的压缩空气储能具体是指借助压缩空气对剩余的能源进行充分、有效地利用，其能够使发电运行获得保障。当高压空气进入燃烧系统之后，可以使燃烧效率获得显著增强，同时还能减少能源的浪费。由于压缩空气对储能设备的安全性有着较高的要求。因此，在具体应用中，必须在使用前，对储能设备进行全面检测，确认无误后，将荷载频率调至高效发电范围，从而确保燃烧时，压缩空气可以得到充分利用。

5. 超级电容器储能

超级电容器是一种新型的储能装置，其最为突出的特点是使用寿命长、功率大、节能环保等。超级电容器主要是通过极化电解质来达到储能的目的，电极是它的核心元器件，它可以在分离出的电荷中进行能量存储，用于存储电荷的面积越大，分离出来的电荷密度越高，电容量就越大。现阶段，德国的西门子公司已成功研发出了超级电容器储能系统，该系统的储能量已达到 21MJ/5.7Wh，其最大功率为 1MW，储能效率可以达到 95% 以上。

综上所述，储能技术能够对电能进行有效地存储，由此改变了电能即发即用的性质，其在现代电力工统的应用，可以使电网的运行安全性和稳定性获得大幅度提升。在未来一段时期，应当加大对储能技术的研究力度，除对现有的储能技术进行不断地改进和完善之外，还应开发一些新型的储能技术，从而使其更好地为现代电力工统服务，这对于推动我国电力事业的发展具有重要的现实意义。

第二节 现代电力工统稳定性研究

阐述了现代电力工统稳定性的基本概念，重点对现代电力工统稳定性进行简要的分析与研究，并提出相应的建议以供广大现代电力工统工作者参考，以期为我国现代电力工统的稳定发展有效助力。

一、现代电力工统稳定性的基本概念

在现代电力工统中，每个同步发电机必须处于同步运行状态，以确保在某一阶段输送的电力是固定值。同时，在总体的现代电力工统中各个电力节点的电压和电力支路的功率潮流也都是某一额定范围内的定值，这就是现代电力工统的所谓稳定运行状态。与之不同的，如果现代电力工统中各个发电机之间难以保持足够的同步率，那么发电机输出的全功率系统和功率支路的各个节点的电功率和电压将发生非常大的波动。如果现代电力工统中的发电机不能恢复同步运行，则现代电力工统不再处于稳定状态。现代电力工统的具体稳定性包括以下内容。

（一）现代电力工统中的静态稳定

现代电力工统中的静态稳定性是指当现代电力工统在特定操作模式中经受一些微小干扰时发生的稳定性问题。如果现代电力工统受到瞬态干扰，则在干扰丢失后，现代电力工统可以恢复到原始运行的原始状态；在永久性小扰动的影响下，在现代电力工统经历了一个瞬态过程之后，可以实现新的稳态现代电力工统运行状态，称为静态稳态。

（二）现代电力工统中的暂态稳定

现代电力工统在其相应的、正常的运行方式中，在受到了外界的一些较大的干扰后，就会经历机电暂态，进而恢复到原始的现代电力工统稳态运行方式，又或者达到新的现代电力工统稳态运行方式，那么就认为此时的现代电力工统在这种运行方式下属于暂态稳定。

（三）现代电力工统中的动态稳定

在一些大规模互联现代电力工统中，干扰的全部影响有时可在其发生一段时间后反映出来。在事故发生之前，这些干扰对整个现代电力工统稳定性的影响是不可预测的，这就要求现代电力工统具有很大程度的动态稳定性。

二、现代电力工统稳定性的具体内涵

在我国工业的电力实际应用中可以得知，现代电力工统的稳定性从本质意义上讲，其实就是一种现代电力工统的基本特性，现代电力工统的稳定性能够在基础上保证电力在正常的实际运行条件下处于稳定的平衡状态，现代电力工统的稳定性对于各个电力企业的生产运营作业起到了重要的作用。一旦现代电力工统的稳定性发生了缺失便很难再保证现代电力工统基础的正常稳定运行，现代电力工统稳定性的缺失会为现代电力工统带来很多故障，比如系统瓦解、停电等现代电力工统异常现象。随着我国信息技术的飞速发展，各种电子技术在工业发展中已经得到了广泛的普及，这些电子技术已经深入渗透到人们的日常生产与生活当中，如果现代电力工统的稳定性遭到破坏，将会带来一系列更加棘手且严重的损失甚至事故。

三、现代电力工统稳定性的重要意义

我国现阶段的经济模式中经济发展的速度日益加快，对于电力的需求量也日益增大并且逐渐趋于多元化、多样化，现代电力工统的建设是在各个工业领域发展建设中的基础建设，是我国国民经济不断增长的实际基础，也是我国进行现代化经济发展的工业发展命脉。近几年，我国的电力消耗不断增加，经过科学预计，到"十二五"时期的经济发展阶段，我国的电力需求还会逐年地上升大约百分之十，再加上我国经济建设发展中现代电力工统规模的不断扩大和系统结构的不断复杂化，现代电力工统在现阶段发展中突出的不确定性也使发生电力事故的概率不断增加，给人民群众生活水平、工业化生产以及国民人身财产安全带来很大的损失。所以，如果要维持我国经济在新时代经济发展模式的高速发展，就必须要建立满足现代化发展需求的、稳定的现代电力工统，需要注意的首要问题就是要保证现代电力工统的稳定正常且安全的运行。

现代电力工统具有复杂性和非线性特征，它的不确定动态行为使现代电力工统会不断出现混沌振荡和频率崩溃的现象，甚至出现电压崩溃现象。这三种现象就是在工业领域实际应用中电网系统不稳定的典型特征，也是现阶段在工业领域应用中电网事故的三大最主要的原因。

1996 年美国的两大电网——西北、西南电网合并互联时，就曾经发生过一些异常的振荡现象，在短时间内频繁发生混沌振荡，共计平均每分钟发生了六次混沌振荡，从而直接导致了两大电网的解列。1996 年 5 月 28 日 11 点 57 分我国的华北电网发生了一起非常罕见的现代电力工统振荡事故，振荡一共持续了 1 min 46 s，造成了处于张家口地区的两座火力发电厂突然停电——沙岭子电厂（$4 \times 300\,MW$）与下花园电厂（$2 \times 100\,MW + 200\,MW$)全面停电，最后直接造成该区域的大部分生产生活区域停电，这就是严重的、被称为"5.28"的严重华北电网事故。通过上述案例就可以充分得知，广大电力工作者们必须在工程和技术上对现代电力工统的稳定性进行充分的重视和关注。

四、提高现代电力工统稳定性的措施实例

以烟台电视台现代电力工统为例，烟台电视台的现代电力工统如果按照它的使用性质

分类的话，属于一级的重要负荷。如果现在有二路高压进线，四台低压变压器同时为烟台电视台的各个负荷进行供电。如果它的现代电力工统运行中出现了不稳定的现代电力工统事故，将会影响、波及很多方面的信号传输，后果是非常严重的。由此得知，防止现代电力工统的稳定性造成破坏，并且争取不造成现代电力工统瓦解和长时间的大面积停电，这是烟台电视台现代电力工统基础运行中的重要任务，以下为此种情况提出相应的建议，在其他现代电力工统稳定性维持中也可以进行充分的借鉴。

（一）在现代电力工统高压侧使用自动互投

在现代电力工统中采用高压侧自动互投的方法，可以保证在进行双路高压电源的供电时，其中一路的高压电源发生某些故障时自动由另一路的高压电源转为向下端变压器提供相应的电源，从而避免造成长时间的停电事故。烟台电视台的配电室一贯采用双回路的高压进线，两路电源分别属于不同的开闭所并且每路高压进线都直接连接着两台变压器。在现代电力工统正常运行时，两路高压母线都是带电的，它们分别给各自所连接的变压器进行供电，断开了中间的母联开关联络。然而现代电力工统中一旦有一路高压电源失去电流，二次系统会马上判断出其中一路高压进线电源发生了故障，发出警报的同时母线联络刀闸也会自动合闸，所属的四级变压器将改变为由另一路的高压电源进行供电。

（二）在现代电力工统中的低压侧采用手动互投

在现代电力工统中采用低压侧手动互投，可以有效保证变压器在发生故障时会由另一台正常运行的变压器成为故障变压器的电力负荷并进行电源的提供。同时，也可以根据相应的负荷容量，对不重要的负荷进行有选择的切断，保证其中一些重要负荷的基础供电。

（三）在现代电力工统中负荷侧采用互投配电箱

互投配电箱也就是一台配电箱含有二路进线电源，也就是主路电源和备路电源，可以有效确保当一路进线电源发生失电时，配电箱下端的电力负荷能够持续有电。

而对于一些重要负荷，比如如播出、发射机房的一系列用电设备等，烟台电视台在现代电力工统中都采用了相应的互投配电箱。通过进行电器控制，互投配电箱一般具备以下的功能：在进行正常运行时，两路进线的电源都是带电的，并由主路来提供电源，一旦发生主路失电的现象，现代电力工统就会自动由备路来提供电源；当主路恢复其供电，配电箱的控制系统就会自动切断相应的备路电源，改变为由主路提供相应电源；而备路一旦发生失电现象时就由主路供电，而备路恢复其供电时依旧由主路负责继续的后续供电。

现代电力工统发展是我国新时代中国特色社会主义发展道路中的重中之重，它决定着我国工业化生产的深入程度，是我国工业化生产改革的基础，是我国新时代经济发展模式的重中之重，值得引起广大现代电力工统工作者的高度重视。

第三节 现代电力工统规划设计剖析

本节对现代电力工统规划设计进行了全方位的分析，首先简要概述了加强现代电力工统规划设计的必要性，其次详细阐释了现代电力工统规划设计的主要内容，接着剖析了当前我国现代电力工统规划设计中存在的问题，最后笔者在结合自身多年专业理论知识与实践操作经验的基础上提出了几点建设性的有效策略，旨在从根本上促进我国社会经济的又好又快发展进步。希望本节可以在一定程度上为相关的专业学者提供参考与借鉴，如有不足之处，还望批评指正。

一、加强现代电力工统规划设计的必要性

近年来，随着我国社会经济的迅猛发展与科学技术水平的显著提升，广大人民群众生活质量水平的提升对现代电力工统规划设计提出了更高的要求，对电网的工作效率进行提高已经迫在眉睫，科学合理规划现代电力工统是现代电力工程的一项重要前期工作，而且它正逐步朝着更加智能化与自动化的方向发展，促使现代电力工统更加可靠安全与经济稳定。再者，进行现代电力工统的规划设计是电力行业工作的重点，但是近年来现代电力工统的规范方案与科学相分离脱节，没有始终秉持好"实事求是、与时俱进、开拓创新"的原则理念适应新时期的社会发展需要，现代电力工统的正常运行受到诸多因素的制约，因此，需要相关的技术人员对现代电力工统进行改进完善，确保现代电力工统的顺利运营。

二、现代电力工统规划设计的主要内容

现代电力工统规划设计可分为长期的现代电力工统发展规划、中期的现代电力工统发展设计，其对单项现代电力工程设计具有指导性的作用也是论证工程建设必要性的重要依据。现代电力工统规划设计主要内容包括：工程所在区域的电力负荷预测和特性分析、近区电电源规划情况及出力分析、根据负荷预测和电源规划结果进行电力和电量平衡、提出现代电力工程接入电系统方案、对所提方案进行电气计算、分析计算结果并进行方案技术经济比较、为电力设计其他专业提供系统资料。

（一）电源规划与出力情况

首先，要想从根本上确保现代电力工统规划设计的科学合理，需详细分析电源出力的各种情况并做好统计工作，在拟建区域内进行电源规划的系统设计，深刻认识到每种电源在不同时期内出力情况的不同，注重统筹兼顾好系统电源与地方电源间的关系，确保规划期间的新建电源机组进入投产阶段。其次，定期进行现代电力工统规划设计文件资料的搜集整理和相关数据的验算，同时还要对结果进行分析比较并优选方案，这极大地有利于为

现代电力工统网络信息的发展提供契机。

（二）负荷预测与分析

一方面，对预选地区的电力进行电力负荷预测是现代电力工统规划设计的基础，其预测精度直接影响了电网及各发电厂的经济效益，通常年限为10年左右，现代电力工统具有电能难以大量储存的特点，因此随着电力市场改革的深入发展，必须要加强对负荷预测的规划设计。另一方面，电力电量的平衡对现代电力工统的规划设计起到约束作用，它需要在负荷预测的基础上确定其系统最大负荷并根据出力情况来计算出电力电量的盈亏，还需相关的工程技术人员确定现代电力工程的布局和规模，同时兼顾分区间的电力电量交换，基于实际情况来增减设备。

三、当前我国现代电力工统规划设计中存在的问题

首先，难以维持好现代电力工统规划中电源与电网间的动态平衡，没有对电源的负荷能力进行严格控制，经常超出配电线路负载能力的范围界限，导致各种危险电力故障频出。其次，现代电力工统中的配网接线方式不够灵活，例如，存在导线截面的选择、接入电压等级不匹配等不良现象，容易引发各种危险事故，不利于维护广大人民群众的生命财产健康安全，总之，希望相关的专业负责人对上述问题引起广泛的关注与重视，并采取及时有效的措施予以改善解决。

四、促进现代电力工统规划设计完善的有效策略

（一）电源规划

在进行现代电力工统规划的过程中，针对不同的电源项目需要采用不同的方式，同时进行资源的科学有效配置，深入推进电源规划工作人员与政府部门的通力合作沟通，清晰认识到进行电源规划的最终目的就是依据某一时期的电力需求进行预测，优先选择更为经济可靠的规划方案。另外，还要汇总系统中的相应设备及资产，主要涉及不间断电源与线路电源等诸多内容，为了从根本上避免由于现代电力工统安装运行衍生出各种故障，必须要定期对群集以及节点等进行科学的控制排查，同时在电源规划的选点工作上要多下功夫，有利于给单项现代电力工程的可行性论证提供重要的支撑依据。

（二）主网规划设计

首先，网架和方案是现代电力工统规划设计的核心，容量有余额的系统与互联系统中更大容量的部分相联结，在受端应采取切负荷的措施，在送端采取切机或减少发电功率，同时注意避免功角稳定事故的发生；其次，在实际工程中方案的指定，既要考虑技术性又要考虑经济性，电气计算要具有一定的远景适应性，更高的要求就是网架美观，将投资费用控制在合理范围之内，还要熟悉各种现代电力工统公式，例如，短路阻抗的大致计算方

法、零序不同情况下的折算等专业内容；再者，电厂、变电站与线路的选址也是关键的点，注重高低（三）配网规划设计

现代电力工统的规划设计要做好数据收集、调查与录入工作，城市电网规划工作要以大量的基础数据为基础，囊括未来城市发展的详细用地规划及城市发展规划数据，利用现代电力工统中提供的各种分析工具，从设备维护、技术经济指标、配网电源与管理方面进行综合分析评估，其中供电范围的计算既要考虑供电的经济性，还要兼顾供电半径的限制。此外，根据可靠性的要求和采用的主要接线模式来增加灵活性和适应性，还要根据规划区内的改造和新建的网络设备明确为电力企业的经营管理提出决策性意见，减少不必要电能的损耗并节约资源，进而创造出良好的社会经济效益。

科学合理的现代电力工统规划设计实施不仅有利于提高社会经济效益，还有利于尽可能地节约国家建设投资，随着我国各行各业对电能需求量的与日俱增，电能已经是现代社会生活的基础，同时我国的电网负荷也在不断增加，供电工作质量的好坏直接关乎着广大人民群众的正常生活与企业的安全稳定生产，同时安全可靠是现代电力工程进行设计和建设的首要原则，因此，必须要持续推动现代电力工统规划设计的改革创新与优化升级，更好的促进我国社会经济的协调稳定可持续快速发展进步。

第四节　现代电力工统电力电子技术

在目前现代电力工统运行中，电力电子技术的应用解决了现代电力工统中的技术难题，使现代电力工统能够在输电效率和变电效果上达到预期目标。同时，电力电子技术也是现代电力工统运行中的支撑技术，对现代电力工统的整个运行产生重要的影响。结合现代电力工统的运行实际，探讨电力电子技术在现代电力工统中的实际应用以及产生的积极效果，掌握电力电子技术的特点，为电力电子技术的应用和现代电力工统的安全稳定运行提供更多的可靠技术，保证现代电力工统在运行安全性、稳定性和运行效率方面达标。

电力电子技术作为现代电力工统中的重要支撑技术，在现代电力工统不同领域中都有所应用，比如，现代电力工统的发电环节、输电环节和电力调节环节等方面。因此，应当认识到电力电子技术的特点及电力电子技术的技术优势，在实际应用过程中发挥其技术特征，为现代电力工统的发电输电和电力调节环节提供更多的技术支持，解决现代电力工统运行中存在的诸多问题。

一、电力电子技术在发电环节中的应用

（一）大型发电机的静止励磁控制

静止励磁结构简单，可靠性高，造价相对较低，采用晶闸管整流自并励方式，在世界

各大现代电力工统被广泛采用。从目前电力电子技术的应用来看，在发电环节电力电子技术的应用较多，其中在大型发电机的静止励磁控制中，电力电子技术的应用取得了积极效果。在发电中，大型发电机需要通过静止励磁控制的方式提高发电机的运行稳定性和发电机的工作效率，而静止励磁控制需要电力电子技术提供最基本的支持，在京闸管的整流和并励过程中需要电力电子技术提供控制方法和控制技术，在实际应用中也取得了积极的效果。故，电力电子技术对大型发电机静止励磁控制的实施有着重要作用。

（二）水力、风力发电机的变速恒频励磁

水头压力和流量决定了水力发电的有效功率，抽水蓄能机组最佳转速变会随着水头的变化幅度而变化。风速的三次方与风力发电的有效功率成正比。机组变速运行，即调整转子励磁电流的频率，使其与转子转速叠加后保持定子频率即输出频率恒定。除了大型发电机之外，在水力风力发电机的变速恒频励磁中，电力电子技术也提供了最基本的技术支持，水力风力发电机在运行过程当中，通过变速横频励磁能够解决发电机的转速稳定问题，同时也能有效调整转子的励磁频率，使整个发电过程的稳定性更强，在发电效率上更高，能够解决水力风力发电机的转子调速问题。

（三）发电厂风机水泵的变频调速

发电厂的厂用电率为平均8%，风机水泵耗电量约是火电设备总耗电量的65%，为了节能，在低压或高压变频器使用时，可以使风机水泵变频调速。从发电厂风机水泵的变频调速来看，风机水泵的变频调速需要有专门的技术作为支撑，在具体调速过程中，电力电子技术的应用有效解决了这一问题，通过对风机水泵的运行速度的调整以及频率的调整，能够保证风机水泵在实际应用中根据运转的实际需要采取对应的频率。在使用频次较低的情况下，风机和水泵的运行频率进行下调，达到节能降耗的目标。在这一过程中，电力电子技术对整个频率的调整起到了关键作用。

二、电力电子技术在输电环节中的应用

（一）直流输电技术和轻型直流输电技术

直流输电相对远距离输电、海底电缆输电及不同频率系统的联网，高压直流输电优势独特。直流输电技术和轻型直流输电技术是目前输电环节中的重要方式，也是降低输电损耗和提高输电效率的关键手段。在实际经营过程中得到了广泛的应用并取得了积极的效果。结合直流输电技术和轻型直流输电技术的特点来看，电力电子技术在其中发挥了重要的支撑作用，电力电子技术是构成直流输电技术和轻型直流输电技术的关键，也是保证直流输电技术和轻型直流输电技术能够得以正常运转的基础，在实际应用过程中，为直流输电技术和轻型直流输电技术提供了必要的技术支持。

（二）柔性交流输电技术

柔性交流输电技术是基于电力电子技术与现代控制技术，对交流输电系统的阻抗、电压及相位实施灵活快速调节的输电技术。在输电过程中如何提高输电效率并降低输电的损耗，是电力传输的重点，也是电力传输需要控制的重要环节。在输电过程中，柔性交流输电技术是和直流输电技术是具有同等优势的输电方式，在实际应用过程中解决了电能的损耗问题，使输电效率更高，在整个输电过程中，对输电过程进行了优化，对输电损耗的损耗功率进行了补偿，通过对柔性交流输电技术的了解，柔性交流输电技术中应用了大量的电力电子技术，对整个技术的形成和使用提供了有力的支持。

三、电力电子技术在在配电环节中的应用

在配电环节中，电力电子技术主要对配电的过程进行优化，在传统的配电过程中，电能的损耗问题无法得到有效的解决，电能损耗大、输电功率低，以及配件难度大的问题长期存在。基于这一现状，在配电环节中依靠电力电子技术，构建了有效的配电系统，实现对电力传输过程中传输方式有效调节，在调节中能够根据电力的需求进行合理调整，使得整个配电环节功率得到了补偿，输电环节中功率的损失有效降低并在功率的传输方面达到了预期目标。

四、电力电子技术在节能环节中的应用

（一）变负荷电动机调速运行

风机、泵类等变负荷机械中采用调速控制代替挡风板或节流阀控制风流量和水流量收到了良好的效果。对于电力传输过程而言，如何有效节能是电力传输的关键。在节能环节中，电力电子技术主要应用在变负荷电动机的调速运行上，通过对风机泵类等负荷机械的有效调整，使其在运行中能够根据不同的需求，采取不同的频率，通过变频调速的方式保障风机和泵类正常运行，同时在能源消耗上尽可能降到最低。这种方式对于解决风机和泵类的能耗问题和降低风机和泵类的额外能源消耗均具有重要作用。

（二）减少无功损耗，提高功率因数

在电气设备中，属于感性负载的变压器和交流异步电动机，在运行过程中是有功功率和无功功率均消耗的设备，在现代电力工统中应保持无功平衡，不然会使系统电压降低、功率因数下降。在电气设备运行中，无功损耗是影响设备运行效率的重要因素，如何有效降低无功损耗并提高功率因素，是电机运行中必须关注的问题。在目前的运行中，应用了电力电子技术形成了对整个电气设备无功损耗的调整，使发电过程中和电力传输过程中所用到的设备能够在功率因素上得到提高，在无功损耗上得到降低。通过优化和调整设备运行方式以及变频调速的方式实现了这一目标。由此可以发现，电力电子技术对整个电力调

节过程中的设备和运行方式产生了重要的影响，在运行过程中解决了关键的技术问题。

通过本节的分析可知，在发电系统中，电力电子技术对整个发电系统的安全稳定运行有着重要的影响。通过电力电子技术的应用不但解决了发电效率问题，同时还保证了电力传输在可靠的范围内进行，降低了电力传输的过程损耗，同时通过电力调节的方式，减少了风机泵类的电能损耗，使整个设备的功率因素得到有效提高，保证了现代电力工统能够在低功耗的状态下稳定运行，满足了现代电力工统的运行需要，使现代电力工统能够在发电传输和配件调整过程中得到有效的优化。

第五节　现代电力工统中智能化技术

现代电力工统良好平稳的运行，主要取决于现代电力工统及其自动化控制。现代电力工统自动化控制在现代电力工统中具有十分重要的地位，相关部门和人员必须确保其始终保持正常的运行，使现代电力工统更加稳定，从而为人们提供良好的供电服务。智能化技术的应用，对现代电力工统自动化控制的水平有质的提升，企业必须给予高度重视，保证现代电力工统始终保持平稳运行。文章阐述了智能技术的应用优势，介绍了智能化技术在现代电力工统中的具体应用。

对我国现代电力工统进行分析可以发现，现代电力工统自动化控制领域中的智能化技术有着很大的开发潜力，随着社会经济的快速发展，电力行业也得到了前所未有的发展，这就使得智能化技术的应用越来越广泛，将其应用在现代电力工统中不仅可以提高现代电力工统的稳定性，同时还可以帮助电力企业实现全面的自动化发展。

一、智能技术的应用优势

（一）提高供电效率减少污染

科技的快速发展使现代电力工统应用了大量智能化技术，随着自动化控制系统的不断进步，使得现阶段的电力网络结构和发电过程都更加智能化，这种智能化技术的应用不仅可以提高供电效率，而且还可以有效降低供电污染。

（二）调度智能化

调度在现代电力工统中具有重要的作用，在现阶段的电力企业中几乎所有企业都实现了智能化调度，而在这个过程中是绝对离不开智能化技术的，将其应用在调度中不仅可以提高供电效率，同时还可以有效避免危险，从而为现代电力工统的稳定运行提供了必要的保障。

（三）用电智能化

在传统的现代电力工统中常常会出现各种各样的问题，随着我国科技的快速发展，将智能化技术应用在现代电力工统中可以有效解决传统现代电力工统中的各种问题，这样不但提高了供电质量，还可以为用户提供更好的供电服务。

二、智能化技术在现代电力工统中的具体应用

（一）对现代电力工统数据进行采集

要在传统的现代电力工统中采集数据，就需要人工采集，这样一来不仅会受到庞大设备的限制，同时操作人员还会受到地理环境的约束，从而导致数据的采取精度较低。现代智能化现代电力工统大多数都在多采用多个检测设备集成化联合作业，这种设备不仅携带方便，且采集的数据也会比较准确，同时还可以安装在偏远地区，实现实时检测和远程控制，从而使采集成本得以降低。

（二）实施数据分析和故障处理

智能化技术可以将分析的数据制成相应的图片和表格，这样一来相关人员就可以对这些数据进行观察，并且通过观察这些数据可以对相应的参加进行有效的设定与修改。如果发现检测出的数据与之前设定好的数据发生偏差使，智能化系统就可以将这些故障进行自动等级划分，并发出相应的警报，同时还会将故障的地点标记出来，这对提高现代电力工统的管理和防护能力具有十分重要的作用。

（三）强化电力的系统管理

要使现代电力工统始终保持良好的运行状态，首要的任务就是要对其进行全面监管，主要分为两个方面：一是对设备进行监控，二是对相关人员进行监管。对那些危险地区、资源密集、易发故障等区域，是无法实现人员现场管理的，必须应用智能化系统进行管理，以此依据大数据对这些区域进行标记，从而实现全面监测管理。例如，设备的使用寿命都是存在一定的年限的，这时系统就可以将设备的故障时间预估出来，相关人员随即对设备进行相应的保养和检修，这样就可以有效避免设备出现故障，进而提高设备的利用率。另外，由于智能化技术的加入，还可以增强人机互动，这样可以促使相关技术人员的操作技能和规范的工作流程得到有效地增强，对提高安全系数也具有一定的促进作用。应用智能化技术还可以实现工作日志与报表的自动生成，可以帮助企业保留大量有用数据，并且也能有效防止相应人员对数据进行被篡改，从而实现对人员的监管。

随着我国社会的快速发展，人们对电力的需求越来越大。供电企业必须保证良好且稳定的供电，这样才能更好地为人民提供服务，从而为社会的发展和稳定做出应用的贡献。电力企业必须加大现代电力工统智能化技术的应用，在实际生产和运行中发挥其积极作用，这样不仅可以提升电气控制自动化的效率，还可以促使企业对原有的电力控制工程进行有

效的改善和创新。而智能化技术是当今社会发展的必然趋势。现代电力工统要实现长久而稳定的发展就必须跟上时代发展的步伐，积极在现代电力工统中应用智能化技术，为企业的发展做出应有的贡献。

第六节　现代电力工统的安全性

中国城镇化步伐正在加快，国内生产总值逐年稳定提高，人们生活水平大幅度改善，各类家用电器也越来越多，各行各业的用电量也逐年攀升，这就对我国现代电力工统提出了更高的要求，巨大用电量的背后需要拥有一个安全、稳定的供电系统的有力支持。输电线路是供电系统的重要组成部分，输电线路的质量决定了输电系统的安全性、稳定性，就此提出相关措施，供有关技术人员参考。

我国的经济、科技和人们的生活质量每天都在发生着变化，各类新式家居、工业产品层出不穷。我国的交通发展同样令世人惊叹，有轨电车、地铁、高铁、动车，及经电器化改造的普通火车等，这些都以电能为动力，说明电力是我国经济发展的强劲推动力。我国除了具有世界先进的水力发电、核电发电技术外，也在大力发展风力发电、太阳能发电等环保新能源技术。而现代电力工统的安全性是电力发展造福于人的根基，近年来因为电网发生的事故频发，电力企业遭受损失，也严重威胁到了人民的人身财产安全，因此必须确保现代电力工统的安全、稳定，采取必要预防措施。对现代电力工统的安全性、稳定性进行研究也是一项重要课题。

一、现代电力工统安全的重要性

老旧现代电力工统在没改造前，一旦发生故障就会引发大范围的停电，应对停电故障的办法单一，在十几年前，停电像家常便饭一样，人们每家都会储备蜡烛来应对停电。造成现代电力工统的故障原因主要有：短路、断相、自然灾害、极端天气，故障等。这些事故是因为线路的老化、搭设不够合理等原因引发的，现代电力工统的故障可能引发火灾事故，很多用电设备停止运行，自来水停止供水，通信系统、网络系统也受到影响而不能正常运行，这严重影响到了正常的生活、工作、生产，造成巨大的经济损失。以前的老旧现代电力工统，经过改造后安全性、稳定性都得到了大幅度提升，当发生现代电力工统故障时，可以及时排除故障，有些特殊场所会备有发电机临时发电，然而当前经济高速发展，对电能的依赖性，远远大于过去，毫不夸张地说过去停电几个小时造成的损失，不及现在停电几秒钟造成的损失和影响大。现如今现代电力工统一旦破坏或者受到外界的攻击，将会使城市接近瘫痪，现代电力工统的脆弱性也体现在此。电力故障给人们生活、工作带来极大不便，比如说：在过去有电冰箱等电器的人家不多，而现在家家户户都有电冰箱、空调等电器，停电会带来非常多的不利影响。现代电力工统的安全关乎国计民生，因此务必要提高重视，深入分析造成现代电力工统安全故障的因素有哪些，制定出切实有效的预防措施。

二、造成现代电力工统故障的因素

（一）外界自然环境因素

自然环境是现代电力工统安全性需要考虑的，重要影响因素之一，我国近年来交通运输工程的投入加大，及城镇化的扩大，工业等各行各业的飞速发展，对于电的依赖需求也越来越大。输电线路基本都铺设在野外，而且基本完全暴漏在自然环境中，这就不可避免地受到自然环境的影响，尤其极端恶劣天气，比如，2008 年春节期间全国经受了罕见的雪灾，尤其在南方，这场雪灾使得一些山区的供电线路，电缆上雨雪反复冻融，导致电缆表面上裹了一层厚厚的冰，增加了电线的荷载，最终电缆被压断，此次雪灾对电网的影响从根本上说：是因为设计的安全储备不够。此次雪灾导致 220kV、500kV 的多数电站全站停电，严重地区停电超 10 余天。此次雪灾席卷多省，造成大面积电网瘫痪，在恶劣极端气候下我国现代电力工统并没有承受住考验。除了雨雪引起的冰冻之外，雷电、狂风暴雨、台风、极端低温和高温的自然灾害，均会对电网产生非常不利的影响，可能会出现断路或者电缆接地还有高压放电等危险情况，这些都危及电网的供电和输电，在对电能高度依赖的现在，现代电力工统的一点故障将可能导致巨大的经济损失。在面对一些不利气候，尤其是雷电和冰冻，应当有危机意识，相关企业应制定应急预案和预防措施，这样才能避免或者减少，因自然灾害引起的电力故障而带来的经济损失。在设计中要考虑罕见极端灾害出现的情况，在设计中采取相对保守的方案提高现代电力工统的安全储备，只有这样才能使得现代电力工统经受住极端自然条件的考验，才能避免巨大的经济损失。

（二）人为因素

人为因素不像自然因素那样让人措手不及，可以通过学习培训得以提高。比如现代电力工统施工过程中，要加强管理严把质量关，责任落实到人，实行激励机制。对于一些可能危及现代电力工统的行为要进行监督教育，比如在电力输电线路周围施工时要，要让相关人员学习安全须知及禁止哪些事项，在农村要告知村民焚烧秸秆的地点，要远离输电线路以免对其造成损害或引发事故。现代电力工统安装工人在搭设线路时，也要进行多次培训，避免出现操作误差，并安排专人进行质量检查。

（三）输电线路质量因素

我国幅员辽阔，存在一些老旧输电线路未被改造的情况，一些早期建设的输电线路，采用高度较低的水泥电线杆，经过长时间的风雨洗礼，水泥杆强度减弱，成了安全用电的隐患。一些电路中的金属配件也存在锈蚀严重的情况，还存在一些输电线路搭设企业，为了获取更大利益，而在材料质量上打折，这为现代电力工统质量埋下隐患。现代电力工统的安全环环紧扣，务必要做好每一个环节，严抓不放松。

三、提高现代电力工统安全性的建议

（一）优化现代电力工统加强质量管控

现代电力工统的建设需要做好前期准备，做好充分的调研，做好科学的规划，结合实际情况做到科学合理的设计，好的系统才能完全发挥出价值，安全性是依附于完善的系统之上的。还要严把质量关，质量不好都是空中楼阁，对此要在现代电力工统相关材料设备的采购过程中严格进行过程控制，必须要达到国家标准，并对构配件按规范要求进行抽样检查，有问题按规范进行处理，这样才能从源头上控制好质量关，也为现代电力工统的安全性提供保证。

（二）提高预警能力和加强检查维修工作

首先要尽早发现隐患，预防现代电力工统故障发生。提高现代电力工统的管理监控预警能力，可以设置一些传感器监测点，实施网络实时监控，实时反应并采取应对措施。建立现代电力工统意见、评价平台，收集人们生活中发现的隐患，对于提供有价值信息的给予一定奖励，以激励群众参与现代电力工统的安全建设中。然后就是加强输电线路的巡查工作，输电线路巡查工作可以有效保障输电线路的运行安全性和稳定性，因此，供电单位必须要对输电线路的设备以及通道的情况进行深入了解掌握，定期对其进行巡查工作，在恶劣天气阶段内要通过采用现代化的巡检设备来加强输电线路的巡查工作，借此有效保证输电线路的运行安全性和稳定性；其次供电单位需要对输电线路的设备进行更新优化，借此有效提高故障检测工作的效率和质量。同时还需要加大资金投入，及时对输电线路的设备进行更新。

（三）注重自身专业水平的提高

现代电力工统人员，要注重自身专业水平的提高，人的因素是最主要的，也是成本最低的控制措施，只有专业水平的提升才是内在的强大保障，尤其现代电力工统一线人员，具备了良好的专业素养，才能在工作中避免工作偏差带来的隐患，一线人员专业水平的提升，带来了现代电力工统安全性的提升，现代电力工统的每一个人都应该加强学习，弥补自身不足，把知识应用到实际中去指导工作。

输电线路的运行安全影响重大，因为经济的快速发展对电能的依赖前所未有，不仅影响到我国各行各业的正常生产运行，同时也给我国民众的正常工作生活带来十分不便的影响。输电线路出现故障的原因有多种，要结合具体环境和故障的特点制定相应的、科学的、合理的处理措施，确保输电线路平稳安全地运行，为国家发展和人民生活提供持续的动力保障。现代电力工统工作人员要与时俱进接受新的知识，懂创新，用知识为现代电力工的安全运行保驾护航。

第七节 现代电力工统变电运行安全

变电运行安全管理是变电站设备安全运行的重要保障，尤其是随着电网技术日新月异的发展，设备更新换代加快，负荷需求的日益增长，变电站设备的新建扩建、技改大修工程项目遍地开花，变电运行的安全管理也相应承受了不少压力，对于运行人员的安全管理意识和技能要求也越来越高。基于此，本节主要通过对现代电力工统变电运行工作危险点的分析，并从实际工作的安全风险管控角度出发，旨在提升现代电力工统变电运行安全管控的对策。

变电运行的主要任务是电力设备的巡视维护、倒闸操作和工作许可，任何不规范的行为都可能会影响现代电力工统运行的最终安全绩效。只有做好安全风险管控工作，才能保障电力设备稳定运行、现代电力工统正常供电、保障电网安全、提高整个电网系统经济运行的持续性。要做到这一点，务必要求所有生产管理及一线班站人员在思想上保持警惕，做好事故预想和危险点分析、风险预控，才能从容地应对变电运行过程中的突发状况。

一、现代电力工统变电运行安全风险管控的重要性

变电运行工作涉及的安全面非常多，只有常态化开展全覆盖的安全生产风险管控，提高工作的制度依从性，才能够避免重大安全生产事故的发生，提高整个现代电力工统运行的经济性、稳定性、可靠性和安全性。

然而，随着变电站设备的更新换代，综合改造工程，扩建工程增加，生产管理系统的深度应用，变电运行的施工现场管控难度增加，操作量增大，运行人员需要应付大量烦琐的基础性工作，很容易在变电运行工作的过程中出现懈怠情绪，导致思想松懈，在执行任务的过程当中，出现一些错误的操作或危险的行为，为变电运行安全风险管控带来一定的隐患。

二、提高现代电力工统变电运行安全管控绩效

（一）变电设备操作安全风险辨识与管控

变电系统有着多种多样的设备，只有深化安全操作管理，提高设备操作的规范化程度，对整个设备操作流程的全过程管控，才有可能实现防误操作的目标。

（1）变电运行技术人员要收集每一台设备的型号、操作方式、安装位置、历史故障信息等数据，并将所有的操作指南形成准确的变电站现场运行规程。保障操作人员可以按照相关的指引与规范，进行变电设备的准确操作，提高整个作业的安全风险受控等级。

（2）变电设备操作是一个以人为本的作业过程，值班负责人必须在派工前对监护人和操作人的精神状态进行确认。人员的疲惫、情绪低落会直接导致精神不集中，容易造成唱票、复诵失误，如果双保险未能发挥作用，就会直接导致误操作，后果不堪设想。因此，为了防止人员因为精神不佳造成操作失误，应对整个操作形成一套规范性的行为规范，包括操作走位确认、操作双方的交流关键词汇、手指动作的规范、设备操作方向的指示与确认。

（3）管理人员还要建立相应的监督机制与管理机制，对于操作人员的具体操作行为进行一定的监察，并通过远程控制系统以及智能监控系统，对操作人员的操作行为进行监督，及时发现操作人员的错误操作行为，进行纠正与预防。

（二）变电设备巡视维护作业安全风险辨识与管控

变电站设备按差异化运维周期进行巡视维护，是设备运维成本的优化与效率的提高。

首先综合设备的台账信息、缺陷情况确定设备健康度，再结合设备所处功能位置的重要度对设备进行差异化定级，不同级别的设备对应不同的巡视维护周期，大大减少了运行人员的无效工作量，巡视维护有了重点，也提高了设备运维的质量。

巡视维护因环境因素、天气因素、小动物危害因素、人机功效因素而产生不同的危险点。运行人员对巡视维护项目进行分类分析，列出各项目作业的危险点和预控措施，结合项目作业步骤指引，形成相应的作业指导书内容。作业指导书依据现场实际情况和设备变化情况进行动态修编。作业人员依据生产计划下载相应作业指导书，并按指导书的作业流程进行风险分析，落实预控措施和作业步骤，能准确、安全地完成相应巡视维护作业，做到工作有依据、风险有预控，安全生产才能落到实处。

（三）变电站技改大修项目管理安全风险辨识与管控

变电站的技改大修或基建扩建项目施工作业范围大，地点分散，而且与带电设备相邻交叉，危险点多而不容易辨别，要比日常的维护检试设备工作安全管控难度高出许多。因此，变电运行人员要加强对技改大修项目工作人员的安全交底和现场监督。通过数据分析与比对，对整个项目的施工安全进行严格的监督与管理，及时发现安全隐患，进行相应的纠正或风险预控，可以最大程度地降低项目运作过程当中的安全风险等级。

第一，在施工之前，进行充分的技术实施方案准备，在项目可研过程中就充分考虑电网风险及项目施工安全风险，对技改大修项目过程当中的各个风险源进行全面的排查，逐一落实有针对性的预控措施。第二，提高施工人员的安全意识与安全防护水平，工作许可前必须进行充分的现场安全技术交底，人员必须持证上岗、经过系统的培训并安规考核合格。第三，运行人员利用工作票、安全技术交底单、二次措施单等组织措施对施工作业人员行为、环境、安健环措施、防护围网等进行规范。做到作业人员思想重视、行为规范、作业环境安全隔离、安全提示可视化标识，从而保障施工作业点的人身设备安全。第四，在技改大修项目施工的过程当中，安全管理人员要对施工人员进行必要的现场检查监督，纠正与预防，并检查好所有施工设备是否满足工程实施的安全管理要求，对施工人员发放足够的安全防护用品，例如安全帽、安全手套、工作服等等。

综上所述，现代电力工统变电运行安全管控是一项系统的工作，只有从全面的角度去分析，发挥人的主观能动性，动态调整管控方式的适宜性，才能够提高安全管理的整体效果。从本节的分析可知，研究变电运行安全管控，有利于变电运行人员从发展的眼光看待目前安全管控过程当中存在的不足。因此，我们不但要加强对于变电运行安全管控的理论研究，还要不断提升安全管控的可操作性和时效性，做到有风险、可预控、风险变化及时调整措施，把一切事故的源头扼杀在安全管控的摇篮里。

第八节 现代电力工统中物联网技术

一、物联网技术概念与特点

（一）物联网概念

物联网技术是一种建立在互联网基础上，不断延伸并扩展的现代化网络技术，其要旨是在互联网的基础上实现一个有效链接，通过电力用户端开展有效信息数据的延伸以及扩展，针对不同物品以及物品与物品之间开展通信以及信息交换。简单来讲，物联网应用在现代电力工统当中的主要作用就是信息传递与控制。

（二）物联网的技术特点

1. 技术特点

物联网技术主要通过相关的数据信息技术以及通信射频识别技术有步骤、分类别的建立健全一整套电力网络，最终达到信息高效共享的效果，同时为行业信息交流以及未来发展奠定良好的基础。将物联网作为电力信息传送的基本载体，可以有效实现对整个世界当中全部虚拟网络的一个有效链接，使其逐渐形成一个比较统一的整合性网络系统，同时以此为基点，不断推动经济发展与社会的进步。

2. 体系架构

（1）感知层。

感知层通常分布在系统感知对象的若干个感知节点当中，通过自行组建的方式建立健全感知网络，进而实现电网对象、电力运行环境中的智能协同感知、智能化识别、信息化处理以及自动控制等。建立在现代化现代电力工统传感器应用的基础上，采用智能化采集设备与智能化传感器等诸多方式，进一步高效进行信息数据的识别，采集电网发电、输电、变电、配电、用电以及电力调度等不同模块、不同阶级的具体实际情况。

（2）网络层。

对多种不同类型的通信网络，进行有效融合及扩展，例如电力无线宽带、电力无线传感器以及电力无线公共通信系统等。针对智能化电网，主要功能建立在电力通信网络的基础上，通过公共电信网络对其进行补充，由此才能更好地实现信息传递、数据汇集以及现代电力工统方面的控制。电力通信网通常作为电力物联网所创造具有更高、更宽的双向电力通信网络平台。

（3）应用层。

应用层通常能够依据不同的业务类型需求，对感知层的信息以及数据开展研究与分析，主要包括基础设施、中间件以及不同类型的应用。通过智能化的计算与应用、模式化的识别技术等作支持，实现电网信息的综合研究、分析以及处理，同时有效实现电力网络有关智能化的建设与决策，进而更好地推进控制系统以及电力服务水平的提升，有效促进整个电力行业的正常、有序发展。

二、现代电力工统物联网关键技术

（一）传感器的应用

1. 导线温度传感器

应用导线温度传感器能够有效对输电线路实施在线温度监测。其中监测温度的终端采用的是电气微功耗的技术，采用的供电方式是锂亚电池，锂亚电池本身具有低功耗、寿命长的优势，可以有效满足电力使用者 5 年的使用需求。将两者结合使用，可以高效实现用电需求，解决测温终端单元获取电源的问题。

2. 激光测距传感器

激光测距传感器主要功能是测量输配电路周边所存在的树木、农田等是不是满足输配电线路的安全距离范围，是不是能够满足辅助测量线路本身的弧垂度，为输电线路的检修与维护提供有力支持。

（二）现代电力工统组网的需求

电力设备传感网络自身的场景非常复杂，整体的设计难度也非常高。为了能够实现实时感知电网运行状态的运行效果，需要对电力设备安装大量传感器，收集并传送相应的信息数据。其中，传感器节点在收集数据对象方面通常包括：电压、电流、温度以及湿度等信息。通过对全部收集到的信息数据开展全面分析，掌握每一个电力设备本身的实际供电情况以及所处环境状态。为了保证电力环境下能够最大限度地满足农村电网感知需求，传感器的网络服务对象以及相关数据要符合以下 3 点要求。其一，为了进一步实现对现代电力工统运行状态下的实时监控，首先要做的就是在电力设备原本装置基础上配置大量传感器节点，主要功能在于负责对电气设备进行数据的采集。其二，设置的全部传感器节点可以实现对电气设备运行信息开展周期性发送，因为传感器的基数比较大，网络内部传输的数据信息量也非常大。其三，只有最大限度地保证所收集到的全部数据信息数据能够及时传输给电力控制中心，由此可以对电网运行的形态开展可靠性分析，保证在遇到电力问题的时候可以及时对线路开展相应的调控措施。

（三）应用系统体系框架的构建

在实时感知输变电系统运行状态的基础上，充分依据现代电力工统当中不同的业务类型针对感知层所接收的信息开展研究与分析，逐步形成包括相关电力基础设施、中间件以及多种应用的电力体系框架结构，同时对物联网当中的不同应用进一步有效实现。电力传感器的内部网络能够对智能化的电网全寿命周期中任何一个生产环节所产生的全部信息开展研究与分析，并为下一阶段的电网智能化决策、系统化控制以及电气服务提供更加完善的依据。

三、现代电力工统中物联网技术的应用

（一）在智能电网建设中的应用

物联网当中的感知层是进一步实现"物物联网、信息交换"的重要基础所在，通常情况下可以将其划分为感知控制层与延伸层两个子层面，分别与智能信息识别控制系统以及物理实体联接等功能相对应。针对智能电网系统中的应用而言，感知控制子层主要是通过安装智能信息采集设备实现对于电网信息的收集与获取；通信延伸的子层是通过光纤通信与无线传感技术的应用，成功实现电网运行信息以及其他各类电气设备运行状态下的在线监测、动态监测，充分保障电网供电方面的可靠与安全，高效实现广大用户用电的智能化。

通过运用电网建设当中敷设的有关电力光纤网络、载波通信网以及其他无线网络，针对感知层所收集与感知的电网信息以及相关设备数据进行转发并传送，与此同时，要充分保证互联网数据的安全性以及在运输过程中的可靠性，进一步保证外部环境不会对电网通信造成干扰。应用层面一般划分为两个基础模块：电网基础设施和高级应用。两项基础模块均为自身所对应的应用提供相应的信息资源调用的接口，高级应用一般是通过智能计算技术设计与电网运行中生产以及日常管理当中的诸多环节相连，对建立在物联网技术基础上面的电力现场作业进行监管，对建立在射频识别以及标识编码基础上的电力资产全寿命的周期性管理，对家居智能用电领域的高效实现，诸多技术的运用都对电网的建设起着重要的推动作用。

（二）在设备状态检修当中的应用

通过物联网技术开展电网设备状态检修方面的应用，可以精准掌握有关设备工作状态及设备运行的寿命，可以有效掌控电气设备中存在的缺陷并提供技术支持。与常规检修情

况相比，状态检修可以有效帮助变电站跟线路之间的监控统一，逐步使得不同方面的检修工作越来越智能化，加之诸多传感器设备，使得电气设备在信息获取方面以及存储传输方面具备更高的可靠性、便捷性，进一步强化了电气状态检修的基础。鉴于此，伴随物联网智能化技术的逐步成熟，电力设备自身的检修效率实现一个稳步提升，进一步使得人力资源的消耗逐渐降低，不仅可以有效减少故障检修时的遗漏现象，而且还可以充分保证电气设备的检修质量。

（三）设备状态检测方面的应用

除了电气设备状态检修之外，物联网技术能够广泛应用在电气设备状态检测应用中，其中最为主要的就是有关配电网在线监测方面的应用。与配电网自动化的建设以及体系架构相结合，进一步根据以太网无源光网络技术与配电线路载波通信或者是无线局域网等更好的处理信息感知以及采集，与此同时，更好地解决了配电网设备远程监测的问题，还包括电气设备相关操作人员的身份识别，电子票证的有关管理与电子设备远程互动等诸多方面的内容，能够有效实现电气设备辅导状态检修的安全开展，同时保证定期设备标准化作业的全面开展。

（四）在设备巡检方面的应用

物联网技术在电网运行中有关智能设备巡检方面的应用，详细的操作流程是通过电网有关内部数据库系统以及激光扫描仪，针对不同类型的电气设备进行进行状态识别，与此同时，与 RFID 技术实现完美结合，针对红紫外检测技术对电气设备的运行状态开展全面检测；其次是充分利用 GPS 定位系统对扫描到的相关信息数据实施定位、定点以及定项方面的分析，同时找到电气设备在运行中存在的问题，最终得到想要的分析结果，同时实现信息数据的自动存储及上传。

四、电网系统中物联网技术的发展方向

在我国电力企业发展过程中，有些生产与经营的场所可以有效引入物联网技术，进一步优化升级相应的配电自动化智能系统，为电力用户提供更好的服务，进一步提高办公电话、电力计量以及电力应急灯等方面的需求与应用的效率。物联网技术的应用跟现代电力工统可以实现一个高效融合，最大限度的满足人们生产、生活以及工作中的电力需求，在此基础上，进一步推动电力企业新一轮的创新发展。

电网系统当中的应用物联网技术可以实现输电技术网络的优化升级，能够有效改善现代电力工统中基础网络的输电通信能力，保证输电通信网络在运行过程中更加稳定、可靠。物联网目前的总体框架结构逐渐由封闭式的垂直一体化模式向着水平化的公开模式发展，同时，水平化公开模式主要是建立在物联网平台跟终端系统为核心的基础上，逐步经历人

工智能、大数据信息处理技术以及边缘化计算等现代化新型通信技术的发展历程。我国电力企业的建立已经逐步向开放化、智能化的物联网平台方向发展，工作重点也逐步由原来的标准化通信以及低功耗接入向智能化的数据网络信息共享以及安全系统构建的层次快速转变。

伴随当代物联网技术的高速发展，在诸多行业中的应用地位越来越重要，企业可以通过物联网技术本身具有的广泛性、连接性，保证自身可以在不同行业中相应的部门之间进行信息资源的共享，同时进一步扩展并延伸越来越多的人性化应用功能，促进经济发展，推动社会的进步。

第二章　现代电力工统的建设模式

第一节　现代电力工统大修技改工程项目管理模式

随着社会经济的发展，我国电力行业的发展也日新月异。虽然电力行业的发展势不可挡，但也面临着一定的制约因素。例如，由于现代电力工统以及各类电力设备的运行时间较久，所承担的负荷较大，因此会导致现代电力工统及其设备的损耗，需要及时维护，以保证现代电力工统的正常运行。基于此，现代电力工统大修技改工程项目管理模式应运而生。

由于经济发展的需要，使社会各行业对电力的需求量不断增大。这不仅为电力企业的发展带来了巨大的商机，也给电力企业带来了一定的压力。需要电力企业在抓住机遇的同时，也能够合理地处理企业发展的制约性因素，以保障企业的发展更加长久。社会对电力的需求量过大，将会给现代电力工统的运行造成巨大的压力。因此，电力企业需要有效解决现代电力工统的大修技改工程。

一、现代电力工统大修技改的阐述

现代电力工统大修技改。电力企业进行大修技改工程是企业发展的核心工作之一。面对社会发展需求量的剧增以及现代电力工统运行负荷的增大，电力企业需要加强对现代电力工统的大修技改工程。电力企业为了给广大电力用户提供更加优质的电力服务，必须进行优化措施来完善现代电力工统的运行质量。因此，电力企业需要强化大修技改工程的项目管理模式，对现代电力工统及其设备等进行必要的修理与维护，并对各项电力配套设施、生产车辆等进行必要的技术改造与强化，从而适应现代社会发展的变化，使企业发展更加符合可持续发展的要求，使企业保持更加高效的发展。

现代电力工统大修技改的重要意义。电力企业要想在激烈的市场竞争中，谋求自身的发展，必须要对现代电力工统的运行质量进行保证。通过大修技改工程来改善系统运行的稳定性、安全性，给使用者提供更加优质的电力服务，满足电力用户的基本需求，使企业具备发展的动力与条件。同时，由于长期的高负荷运行，现代电力工统可能早已无法再进行高强度的运行，因此，保持系统运行活力的大修技改弥补措施也是必要的，能够使现代电力工统的运行满足可持续的发展要求，保障电力企业的长久发展。

二、现代电力工统大修技改工程项目管理的现状分析

项目管理缺乏制度规范且未能落实到位。现代电力工统大修技改工程的实施，需要规范的管理制度进行约束。现代电力工统的大修技改工程项目管理中，有些施工人员并没有按照制定的制度对施工场面进行执行，甚至部分施工人员在施工时主观意愿较强，经常根据自身的主观臆断来做决定。对于已存在的管理制度，由于企业内部管理层人员的专业素养不足，所以使得管理层的榜样带头作用未能发挥，管理制度在企业内部未能有效实施。由于现代电力工统在大修技改的过程中，未能具备一套完善的管理制度进行约束，导致大修技改工程的项目质量存在很大的问题。

大修技改工程对于现代电力工统是一项必要且重要的措施，同时大修技改所花费的间隔时间相对较久。因此，电力企业安排专门的负责部门是必要的。现代电力工统实际管理过程中存在着管理人员配合不协调、职责模糊、分工不合理及专业能力不强等问题，影响电力企业大修技改工程的实施质量。

项目管理缺乏全面性。由于现代电力工统的整个运行系统所包含的相关的系统数量多而杂乱，因此在实际工作中，管理难度较大。此外，由于部分电力企业未能真正将系统的大修技改作为核心工作之一，所以实际管理工作落实中，存在诸多事项的管理漏洞。这实际上是管理欠缺全面性导致的。现阶段，电力企业要想跟随时代发展的脚步，必然要做出一定的变革措施，以符合时代发展的要求。

项目管理的成本控制工作存在问题。对于项目资金管控，成本控制工作的效果是一个重要的组成部分。因此，如果在现代电力工统的大修技改过程中，对于项目的成本控制未能达到预期的效果，那么将会对电力企业的项目管理产生一定影响。尤其是部分电力企业的成本控制中，存在着成本控制仅局限于项目的某一过程，未能真正实现对项目各个阶段各个过程的全方位成本控制，违背了项目管理需要进行必要成本控制的初衷。此外，由于对成本控制的重视程度不够以及行动落实的不到位，最终导致现代电力工统的大修技改项目管理存在成本控制的漏洞，需要及时加以弥补。

管理的力度有待加强。现代电力工统的大修技改过程中，对项目的管理实施是维持工程有序进行的必要手段。但是，管理力度的不足也是现实电力企业需要及时改正的问题。对于项目的施工现场，由于大修技改涉及的内容较多，工作人员工种及数量也比较复杂，因此若没有专门的监管部门或管理人员进行现场秩序及安全的监督与管理，那么很容易导致工程进度的滞后，影响大修技改工程的质量。

三、现代电力工统的大修技改项目管理应用的相关措施

进一步完善项目管理制度，并将制度严格落实到位。完善的项目管理制度，可以保障

项目管理的有序进行，保障具体的大修技改工程的实施。因此，电力企业进行大修技改前，应完善管理制度，并加强管理人员以及相关工作人员对管理制度的重视程度。日常生产中，需强化对管理人员专业水平的要求，在企业内部开展管理人员的专业培训，提高管理部门的专业素养，从而使管理制度得到层层落实，保证项目管理的有效实施。

加强对项目管理的成本控制质量。对现代电力工统的大修技改工程项目进行成本控制，是有效解决企业成本投入的必要措施，因此，加强项目管理的成本控制质量是必要的。需要企业增强成本控制的合理性与科学性，将工程实施的全过程进行细致的成本控制，对于不符合成本概算的情况进行及时调查，并及时解决，从而有效保障项目的成本管控质量。

明确管理人员的职责，加强项目管理的力度。为了避免发生问题无法及时找到责任人以及管理人员相互推卸责任，需明确管理人员的职责。将职权与责任进行明确细分，以有效增强管理人员的责任感，保障管理的有效落实。此外，电力企业需要加强管理力度。尤其是在安全事故频发的施工现场，更要加强对安管理的重视程度及管理力度。加强安全监管的重视，进行施工现场设备机器的规范操作监管等，进而保证项目实施的安全性。

现阶段，电力行业获得发展的同时，也面临着较大的挑战。为了使电力企业更好地生存与发展，并为社会提供更加安全、高效的供电服务，必须进行现代电力工统的大修技改。电力企业需要不断克服难题、完善管理制度、加强管理力度、做好项目管理的成本质量管控以及明确管理人员的职责，以保障电力企业大修技改工程的有效实施。

第二节　现代电力工统中配网调度管理模式

配网调度工作是现代电力工统的一项重要工作，其工作质量的好坏会直接影响到人们的用电，为了使社会及人们的用电需求得到更好的满足，我们必须在充分分析配网调度管理现状和目前存在问题的基础上，不断创新与改革配网调度管理模式。配网调度管理工作水平的不断提高不仅能够推动社会经济的发展，还能提高人们的生活质量。

改革开放以来，在科学发展观的正确引导下，我国的社会主义市场经济繁荣发展。随着现代电力工统的不断进步发展，对于现代电力工统中配网调度管理也日趋全面化。在如今电力发展的上升阶段，针对现代电力工统的升级与革新也提上了日程。现代电力工统中配网调度管理模式的形成，体现了电力发展的繁荣，预示了未来电力发展的新方向。

一、现代电力工统配网调控管理体系结构的现状及问题

检修维修不全面，配网调控存在弊端。现如今电力公司的发展更多依托的是电力发展，目前对于电力的需求越来越大，而电力市场的相关建设与制度不是那么的完善和健全。电力的稳定性也是影响其运作的一大主要方面，这与相关的设备连接与应用联系是十分紧密

的。而电力调度所涉及的领域与电力的实际运行及相关数据信息反馈是紧密联系的。在实际的操作过程中，发电时所用到的机器设备相对落后，更新换代速度慢，且检修维修的完善度不高，这对于电力公司的工作也是极其不利的。配网调度工作的相关建设与人们生活工作息息相关，重视每一环节的衔接与配合是十分关键的。电力公司工作中的现代电力工统配网调控管理体系结构，是一项基础且关键的工作，对于机器设备也提出了更高的要求。

责任体系构建不完善，反馈信息不及时。现代电力工统配网调控管理体系建构是一项专业性能极强的系统性工作。要保证电力公司工作的完整度和统一、实现现代电力工统工作的高效化，则专业性能是决定电力公司工作的一大重要因素。相关工作人员要依据各类信息采集设备反馈回来的数据信息或监控人员提供的信息进行调整。而目前相关的技术人员水平不够，其自身技能不足以及时地解决电力公司工作中的相关技术问题。在电力公司工作的整体架构过程中，对于责任制度相关内容不明确，要提倡责任领导制，加强责任体系构建，建立相关奖惩制度，对于运营过程中出现的相关责任人问题不容忽视。现代电力工统配网调控管理，重点是及时发现和解决现代电力工统中的不适应条件，而反馈信息的不及时，会造成配网调度管理工作的不全面，隐藏的安全问题与安全隐患得不到有效的解决，久而久之会造成系统运作的崩溃和滞缓。

二、加强构建现代电力工统配网调控管理体系的重要性

有利于推动电力公司的发展，健全现代电力工统配网调控管理。电力公司工作作为系统且全面的工作，要确保每一环节和每一方面做到准确无误、高效统一。因此，在现阶段推进现代电力工统配网调控管理体系的建设，是针对存在的问题及现状所做出的关键的措施。挖掘技术的重要性体现在通过配网调控管理体系的建设来保证配网调度工作的平稳和完整度。有利于推动电力公司工作的发展，通过技术手段来解读反馈信息，并以此对电力运行中的电压、电流、频率、负荷等进行系统考虑，为人们的生活带来最大的便利。也有利于健全相关的配网调控管理体系，通过技术手段提高利用率和相关信息的更新与录入。确保信息能够准确地在电力公司工作中进行运作，体现信息共享和资源共享。在现有的基础上健全现代电力工统配网调度的建设，发挥高效能和全面化。

有利于发挥电力最大效用，确保电力公司工作的正常进行。推进现代电力工统配网调控管理体系的构建，是对现阶段电力公司工作中存在的不足和缺陷所提出的针对性措施。现如今，电力公司工作中的现代电力工统配网调控管理体系中，出现了信息解读不及时、相关参数分析不到位的问题，进而影响指令的有效性，对电力调度工作造成阻碍。为了使电力公司工作不断地完善，并发挥电力的最大效用，就要利用技术手段来改善目前的状况。通过科技的手段也有助于发挥电力的最大功能，保证资源的高效利用。电力调度系统管理体系的创新，是对配网调控的再升级，可以发挥配网调度的优势力量，保证电力运作的良性发展。通过结合相关科学技术设备，保证现代电力工统配网调度的功率，使机能和效率

都大大提升，有利于挖掘现代电力工统的内在动力，维护设备稳定工作，保持工作运转的正常效率，延长设备系统的寿命，为企业带来更大的收益。

三、构建现代电力工统配网调控管理体系的主要方向

运用先进科学技术，规范操作行为。在电力公司工作不断完善和发展的今天，也要重视科技的力量在现代电力工统配网调度体系建设中的作用。要加大相关技术的投入力度，重视技术对于人们生活工作不可替代的重要性，确保相关技术的完备。在电力公司工作的发展过程中，对于涉及的技术设备要及时进行更新和检修，确保在工作的过程中能发挥最大的效用功能。同时运用先进的科学技术来发挥电力的最大功能和效用，避免资源浪费，要做到资源的高效化和完整利用。根据运营需求，规范操作 SCADA（数据采集与监视控制系统）、FAS（火灾报警系统）、BAS（楼宇自动化系统）、事故风机操作盘及其他设备，实时监控设备设施运行状态，记录设备异常情况，及时调整运行工况并通知相关部门处理。现代电力工统配网调控的管理，要结合实际运转过程中的操作实况，注重系统内部的变化，保证系统稳定运行。针对配网调控系统中的可变化因素，应定时定期进行检修和检测，保证电力运行安全，避免出现现代电力工统配网调控的系统故障问题。在实施电力配网调度管理工作时，应当秉承统一规划调度、分级协调规划的基本原则，进而实现电力输送的安全稳定，保障居民的正常生活。

重视员工的培训教育，提高处理解决能力。工作人员作为企业中的一大重要组成部分，是工作的主要参与者。因此，加强电力调度的技能培训，做到对数据的收集与分析快速准确，从而确保在电力公司过程中，电压的稳定以及电流的平稳。因此企业要加强相关技术人员的培训力度，不仅在理论方面给予工作人员必备的知识和技能知识，另一方面要加强实践训练，理论与实践相结合。技术工人在发现情况时，能够第一时间解决问题，从而高效地提高现代电力工统配网调控管理工作水平。提高相关人员的安全责任意识，安全问题重于泰山，时刻谨记现代电力工统配网调控的运行安全问题。从思想意识上端正态度，在面对突发事件时，要沉稳冷静地处理。此外，工作人员在处置突发设备故障，协助处理运营突发事件时，要通过更改供电运作方式等手段，最大限度地缩小事故的范围和影响，并及时组织有关人员进行故障判断、分析和处理。

电力调度中心，是及时发现和了解电路故障的部门。在接到电路故障信号后，及时通知输电线路维修人员进行输电线路的维修工作，是现代电力工统管理工作的重中之重，为此要增强对配网调控工作的责任心。对配网调度管理工作水平的不断提高，在一定程度上也能推动社会经济的发展，进一步提高人们的生活水平。配网调控管理工作，与公民的生活息息相关，在维护电力发展的过程中，要重视配网调控管理工作的开展。因此，对配网调度管理模式不断的进行研究和创新，对供电企业的发展有着极其重要的作用。这也是未来供电公司发展的新方向，加大配网调控管理工作的投入力度，结合现阶段的实际问题，

将采取必要的措施进行高效解决，为社会发展贡献一分力量。

第三节 基于岸电系统的电力市场营销模式

近年来，我国一些重要港口实施了船舶接用岸电项目的研究和建设，针对不同船型的用电制安装各类岸电设备，具备了供应岸电的能力，解决了岸电项目存在的现实问题。电网企业积极推广岸电项目，开始提供岸电上船服务的实践和探索，取得了一些宝贵的经验。但目前岸电推广还举步维艰，未能普及使用，港口、船方和供电企业等各方都存在一些困惑，岸电计费、投资运营、政策措施等方面问题比较突出，岸电项目的市场推广迫切需要解决很多现实问题。本课题主要基于防城港的码头条件、供电系统、电力需求、电价政策等情况，以广泛推广使用岸电项目为出发点，深入了解港务集团、船舶运输企业、供电企业等各方利益诉求，系统分析当前国内先进港口实施岸电项目的现状及存在的问题，对比测算船舶靠岸燃油发电和岸电上船两种方式的成本，研究岸电项目的经济可行性和社会效益，制订推广使用岸电项目的市场机制和营销策略组合，建立一套新的岸电市场营销模式，提出推广清洁能源的切实可行的方法、措施及建议，旨在为解决岸电项目市场推广难的问题提供一些建设性方案。

一、推广使用岸电项目的意义

（一）推广岸电项目，有利于解决环境污染老问题

岸电项目的推广能减少辅机燃油发电，进而起到保护环境的作用。目前，靠泊我国港口船舶辅机发电年消耗燃料油约 70 万吨，我国港口辅机发电占到港口总碳排量的 40% ~ 70%。如果全部用岸电取代辅机燃油发电，按这个数据来算，港口氮氧化物、二氧化硫和可吸入颗粒物 PM10 的年排放量将分别至少减少 47665 吨、37800 吨和 2214 吨。同时减少了船舶的振动和噪音，船员生活质量也将大大改善。

（二）打开岸电市场，为供电企业开辟了电力营销新渠道

随着能源革命和电力体制改革的不断深入，电网企业需要加速自身变化转型，创新营销服务，探索新的商业模式。推动交通领域电气化，推动港口码头动力"油改电"，拓展电力市场，必将成为电力市场新的增长点。据统计，防城港港务集团 2017 年万吨级船舶停靠数次达 1200 次，如按 50% 船舶使用岸电计算，电量需求达到 7700 万千瓦时 / 年。而整个广西北部湾国际港务集团 2017 年吞吐量为 1.28 亿吨、集装箱 141.5 万 TEU（标准集装箱），按 50% 船舶使用岸电计算电量需求将超过 3 亿千瓦时 / 年，可见港口船用岸电的发展前景是比较良好的。

（三）扩大市场投资，为投资主体带来良好经济效益

通过经济分析，改善投资模式，吸引各方积极投资建设和使用岸电项目，将进一步扩大基础设施投资，促进经济发展。船舶靠港后使用岸电，在靠港期间关闭辅机，使靠港成本减少 30% 以上，经济效益十分显著；供电企业增加电力销售产生利润，提供电力服务而产生新价值、新收益；港口企业则完善了港口的功能，提升了港口的核心竞争力。岸电项目使船舶、供电企业、港口企业三方从中获得较好经济效益，各方实现了合作共赢。

（四）创新服务方式，促进企业绿色高效发展

通过推广岸电项目，供电企业把服务延伸到船上，能够解决船舶及码头客户的用电难题，为水上运输提供优质供电服务，是打造向海经济的重要手段。供电企业提供绿色电能、推进节能减排也是履行社会责任的一个具体表现，能进一步提升央企形象，提高客户满意度。

二、岸电行业发展环境及存在问题

2010 年 6 月，我国港口靠港船舶使用岸电正式起步，近年来市场发展迅猛，各港口码头纷纷开始建设岸电项目。随着岸电项目完工，市场推广使用成了当前亟待解决的问题，岸基电源发挥其在港区节能减排的持久服务作用还不平衡、不充分。现阶段岸基电源投资、运营使用存在的主要问题表现如下：

（一）政策体系不完善，导致执行困难

虽然交通部整体出具了建设补贴奖励的引导性政策，但是缺乏强制使用岸电的法律法规，存在没有政策约束动力，营运难以为继的风险。地方政府重视不够，对港口污染的治理力度不大，对于靠港船舶使用岸电没有出台强制性政策文件，对于靠岸船舶使用低硫轻质燃油也未强制推行，具体的相关配套补贴措施没有出台，国家相关政策规定在地方落实落地难。岸电服务价格政策仍未全面出台，目前，仅连云港市物价局出台全国首个岸电服务价格政策。

（二）船方经济利益驱动不足，油价（特别是重油）与电价倒挂导致使用岸电在经济性上不具备吸引力

以 4250TEU（标准集装箱）船舶供电单位 1000 千瓦功率计算，港口使用岸基电源的成本价格按 0.63 元 / 千瓦时计算（未含基本电价，仅为电度电价），加入基本电价成本、投资成本均摊、岸电接电配套服务及经营成本，对船方按照 1.2 元 / 千瓦时收取。船舶自用辅机（按较好的机型瓦锡兰四冲程柴油机）自用发电，根据目前油价情况，船用发电机如果用 IFO380（重油）发电，单位电价在 0.51 元 / 千瓦时，使用重油发电比岸电成本要低 0.69 元 / 千瓦时。在国家政策法规没有执行到位的情况下，船舶会在经济性驱动下，优先采用重油发电。

（三）港口企业受自身发展限制表现不积极

目前航运业不景气，港口实施岸电项目的力度不平衡不充分，港口企业更多地考虑客户需求和港口业务的发展，执行政策不够积极。

（四）使用岸电技术还不成熟，造价偏高

技术层面，由于港口岸电国际标准还没有出台，船舶上的改造方案必须入籍国的船级社审核批准，船的改造难度大，造成岸上供电系统需考虑多种电压、频率和接口，增加了复杂度和造价。目前高压岸电系统造价偏高，常规配置 3 兆瓦岸电系统岸上部分约 600 万元，船上设备改造约需 100 万元，对于船方是个不小的负担（注：大部分集装箱船和国际货轮已具备接岸电设备）。

（五）船方对于岸基电源的认识存在误区

认为使用低硫燃料油比岸电更好更安全。使用目前船舶靠港减排的主要通行做法除接用岸电之外，确实还有换用低硫油。但低硫油成本高、功效低、安全系数小于岸电，尤其对减少氮氧化物和细颗粒物的排放几无作用，而接用岸电不仅减排作用更大，还有减少船舶振动和副机磨损等诸多优点。

认为岸电技术不成熟、不安全，会影响其正常运营。由于目前属于岸电推广期，船东普遍对岸电技术不了解，对其技术设备整体信心不足。

三、推广岸电市场的营销策略组合

通过以上对岸电项目的调查、分析和研究，笔者提出建立推广岸电的联动机制和营销策略。基于当前岸电项目设备改造难、投资主体不明、投资回报率低、执行排污政策难等市场推广问题，综合考虑电力市场、价格体系、电力计量、终端用户等因素的影响，提倡建立多方联动机制，设计需求侧引导、电价策略、服务手段、技术改进等组合策略，形成新的电力营销模式，运用政策手段、法律手段和灵活的经济策略，使用税收、政府补贴等激励机制，搞活市场运作，调动企业的积极性，从而使岸电项目技术得到广泛推广及使用。主要抓好产品质量、价格促销、政策约束、供电服务、政府激励、环保宣传等 6 个方面的策略。

（一）产品质量策略：加速设施建设，满足用电硬件需求

对岸电系统进行科学设计，采用先进的技术和设备，建设一套安全、可靠、先进的岸电系统，为船舶接入市电提供稳定可靠的硬件设备。根据岸电关键技术标准，针对不同电压等级、频率的电源需求，提供差异性用电解决方案，分类有序推进岸电系统建设，促进不同岸电服务平台互联互通，提高设施通用性和开放性。同时，抓好岸电设备的日常定期维护，保证设备能正常高效运转。

采取岸基电源设备寻求 ABS 认证或中国 CCS 认证单位对岸基电源设备进行其安全性

及稳定性认证（并策划形成年检或其他形式），通过此举来增加船东对设备使用的信心。

（二）价格促销策略：降低岸电成本，激发用电内生动力

在完全竞争的市场中，价格是通过竞争机制产生的。市场供求关系决定着价格，价格反过来又调节着生产和需求。制定一个合理的岸电价格，可以激励各利益相关方投资，可以驱动船舶方使用岸电绿色能源。

在现行电价体系中，岸电电价不实行政府定价，在放开销售环节的情况下，用户支付的电价由市场竞争形成的上网电价、用户服务费用和政府管制的输电电价、配电电价组成。可以使用价格调节的手段，尽力将岸电成本降至与燃油成本相当的水平。主要做法是：

供电方降低购电成本。2018 年政府工作报告提出，降低电网环节收费和输配电价格，一般工商业电价平均降低 10%。

投资商降低服务价格。2015 年 11 月连云港市物价局出台全国首个岸电服务价格政策，明确船用岸电的服务价格。供电局对连云港港务集团执行较低的大工业电价优惠政策，船舶岸基供电设施运营企业可向用电户收取服务费弥补船舶岸基供电设施的运营成本，海港服务费标准为 0.4 元 / 千瓦时，可上下浮动 20%。

政府提供更多的电价补贴。2018 年 7 月 2 日，国家发展改革委发布《关于创新和完善促进绿色发展价格机制的意见》，提出 2025 年年底前免收相关企业的容量电费，降低这些企业的用电成本 14% 左右。

为充分发挥电力价格的杠杆作用，用价格政策来促进岸电系统的绿色清洁发展，各地提出了不少有效的政策措施。如，湖州港航联合电力部门在水上服务区开展"绿色岸电充值送"活动，嘉兴市港航管理局对使用岸电的内河船舶进行资金补贴，江苏省环保厅实行扶持性电价政策，秦皇岛港岸电电价比港口现执行电价每度电少 0.2 元。

（三）政策约束策略：统一规范标准，规范用电市场秩序

国家虽然出台了治理污染的相应政策法规，但各地执行不一，政策法规的落实落地遭遇"肠梗塞"。破解这一难题除了抓政策法规的刚性执行外，还应用好实行污染收费、征税的经济手段和制定扩散标准等法律手段。

全面推进船舶排放控制区建设。将制订靠港船舶强制性使用岸电的法律纳入地方立法日程，划定控制区。根据船舶靠港排放量制定政策或者标准，要求港口城市实施环境监测，将靠港船舶的减排量计入所在城市的减排量，纳入节能减排目标考核。

对积极改造设备使用岸电港航企业进行奖励。政府部门应该鼓励并给予港口相关政策，由港口制定相关强制性岸电使用措施。码头可以从优先靠泊具备接驳岸电的船舶、有岸电泊位接驳必需接驳岸电、接驳岸电享受其他服务等方面考虑，采取有效措施加强岸电的接驳使用。电网企业、物价管理、税务管理部门等，对于港口单位或岸电投资、经营企业，给予免去基本电价、服务定价优惠、岸电投资及运营企业税务优惠等措施，鼓励岸电投资运营单位在政策推广期的生存能力。

成立联合执法队，加大对法规政策执行的监督力度。加强对现行的燃油船舶执行环保规定进行检查，严禁超标准排放污染，严肃处理违规行为，加大经济处罚。对环保不达标的港航企业实施更为严格的监管措施，提高企业使用岸电的自觉性，探索并适时推出强制使用岸电的途径和方法。

全面禁止使用重油，开展船舶污染防治专项行动。加强淘汰高耗能高排放的老旧运输船舶，大力倡导新能源船舶。采取禁限行措施，限制高排放船舶使用，鼓励 20 年以上的内河航运船舶。

（四）供电服务策略：提供一流服务，提升用电满意体验

我国电力体制改革已经进入新的时期，配电市场逐步放开。面对未来激烈竞争的电力市场，应抓住当前有利时期，紧盯市场，灵活有效应对增量配网改革，积极运用政策武器和市场化手段，提供一流的综合能源服务策略，提高创新服务水平以满足消费者需求，有效培育岸电市场成为新的增长点，提高市场占有率。

细化完善相关标准、规范和操作规程，鼓励和推动码头岸电技术部门主动对接船方，安排专业技术人员协助船方改造船舶、配置船岸接电设备，推进船岸设备之间技术无缝衔接，确保船舶使用安全。提高供电能力，可靠持续安全供电。根据项目新增用电容量做好接入方式安排，为项目用电量身定做供电方案，提高供电的经济性和安全性。简化接电手续，推广岸电移动支付、智慧支付，主动对接服务，在码头岸电装置加装自动计费系统，提供优质快捷的计费服务。

（五）政府激励策略：完善扶持政策，降低用电投入成本

政府继续在财政补贴（以奖代补）或税费调节方面保持并加大对使用岸电的参与企业采用岸电的政策扶持，充分体现引导高效使用岸电的决心。一些地方政府正在研究或已经出台了对使用岸电的企业的补贴政策。广西在参照其他省市成功经验的基础上，应因地制宜尽快制订岸电推广应用指导意见，就岸电设施建设、岸电设施用电价格、岸电服务费等进行明确，引导港口企业建设设施和船舶使用岸电。

（六）节能宣传策略：加大用电宣传，解决用电思想疑惑

加大宣传教育的投入力度，大力开展宣传教育工作，形成良好的环境保护舆论氛围，让生态文明深入人心，转化为自觉的行动。认真学习领会习近平生态文明思想，落实中央关于生态文明建设的决策部署，利用"4.22"地球日和"6.5"世界环境日等活动载体，大力弘扬环境生态文化，提高公众生态文明素质，加强绿色交通的宣传和引导，增强公众参与生态文明建设的使命感和责任感，营造全社会牢固树立生态文明观念的舆论氛围。要深入持久地开展生态文明宣传教育，引导全行业树立生态文明意识，提升全行业生态文明理念，形成全社会共同关心、支持和参与交通运输生态环境保护的合力。大力宣传发展绿色低碳经济的理念，提高非化石能源利用比重，积极构建绿色消费模式，建成清洁低碳、安全高效的现代能源体系。

大量的数据和实践证明，岸电技术在节能、环保、降噪等方面都有出色表现，岸电绿色效益非常显著。以电代油，被公认为目前最直接、最有效的港口侧治污方式。要加大岸电使用的宣传力度，重点宣传岸电技术的优势，分析岸电项目的社会和经济效益，用岸电扶持政策引导消费，帮助人们提高对岸电项目的了解和认识，消除船舶方疑虑，让使用者真真切切感受到岸电给其带来的好处，进而在思想上接受，主观上想用。

总之，随着国家政策推动以及向海经济的高速发展，将有越来越多的港口和船舶需要使用岸电，岸电项目有望真正"迈开步子"，成为服务"一带一路"的重要措施，成为推动绿色航运的"引擎"。

第四节 现代电力工统自动化配网智能模式

随着我国科学技术的不断发展，现代电力工统在生产、运行以及管理等方面已经实现了自动化，并推动了我国现代电力工统当中配电网的智能化也在不断的提升，对先进技术的使用，也进一步使得我国现代电力工统的发展。本节分析了现代电力工统自动化配网智能模式技术，希望能给电力技术的研发与发展提供一些借鉴与思考。

在现代电力工统当中，要保证供电的可靠性以及供电的安全性，则应该要使得配电网能够高效、有序运行，它还可以缩短停电时间，从而最大化的实现电力企业经济效益。因此，这不仅需要重视现代电力工统配网组建当中电能的稳定性和安全性，还应该兼顾绿色环保以及灵活变化的运营手段，这给智能模式技术的发展及推广提供了一个良好的契机。根据用户的需求来对配网管控的智能技术进行研究，不仅是目前市场竞争以及社会进步的趋势，也是使得电力行业利益最大化，推动电力行业快速发展的有效途径。

一、建设配网智能系统的重点

数据的维护与终端管理。依据现代计算机技术的发展和应用而产生了现代电力工统自动化配网智能模式。这其中，GIS 技术不仅是自动化配网系统当中的基础技术，还是支持自动化配网系统能够正常运行的关键。对于自动化配网系统，要保证其能够正常运行，就应该对系统中的数据进行维护，并实现终端管理。其操作方法具体是，有效地优化 GIS 运行所处环境以及配电网系统的数据接口，进而能够更好地实现自动导入增量模型以及全模型，或者将 GIS 中的图形参数自动输出，这能够有效保障原始数据的质量，防止出现数据损坏或者丢失的情况，这样还能减少对图形及数据进行重复维护的次数，大大减轻工作量，并确保自动化配网系统能够正常运行。

在自动化配网系统当中，设备终端也是其重要组成部分，它是非常重要的结构设备。因此，在对设备终端进行选择时，应该要确保供电模式和设备终端相互适应。一般情况下，当使用电池配上系统供电的混合模式时，可以有效防止出现因更换系统或者突然断电而干扰系统的问题，使得设备终端的正常运行得到保证，从而尽可能延长设备的使用寿命。

智能调度：

智能调度能够对风险进行检测，并且还具有预警及报警的功能。要使用只能调度，就需要提前将自动化配网模式的使用计划制定完善，计划内容应该要包括检验校准好重要设备的程序，从而能够确保自动化校核配电网，并且精准判断在配网系统当中是否存在超负荷工作等违规问题，此外，还对停电时间是否发生冲突进行全面判断，在系统的日常运行过程当中起到辅助作用，只能校验系统的运行方案，并提供所需要的基本参数给制定出的合理校验方案等，让这些功能实现自动化，并使其能够自动运行，不仅能够降低人工成本，而且还能在一定程度上提高工作效率，提高工作结果的准确性，防止因为员工操作失误引起的误差，影响配网系统的正常运行。

实现自愈复电技术以及程序化控制。采用配网系统的操作程序，可以将停电、闭环转电以及复电这一系列功能实现，并且整合多个项目，从而可以形成一个集中的操作任务，并对其进行自动化控制，这不仅可以有效提高配网系统的工作效率，并降低发生事故的可能性，还可以对于终端出现的故障进行判断，根据故障来进行自动化设置，从而尽可能避免再次发生同类型的故障。

实现对配网监测系统的定制功能。一般可以个性化定制自动化配网模式情况下的检测功能，来满足不同用户对自动化配网模式的需要。为了实现自动化，应该要统一配网接口以及图形参数的标准，进而确保系统能够正常运行，并且提高配网检测的智能化程度以及可视化程度。例如，配网快速仿真与模拟技术，该技术的运用能够最大程度上辅助配网自愈，具体体现为：自我适应性保护，自动化锁定配网故障位置，同时，也具备网络重构与无功控制类似的功能。其中仿真技术则主要负责科学评估配网状态，优化配网潮流、预测负荷，所涉及的建模工具有：发电模型、负荷模型、网络拓扑分析等。

三、对配网数据进行深度挖掘

要深度挖掘配网的数据，在这一方面应该要及时搭建并更新数据库以及它的运行平台，这不仅仅是要能够提供更好的配网服务，并且使得配网智能化程度得到提高，同时还有利于后期对于数据的维护，提高后期数据维护的效率以及维护质量。

系统负荷也是自动化配网智能模式之下的影响因素之一，通常，系统都具有一定的综合分析能力，能够综合分析负荷的实施特点，所以，不论哪种类型的供电负荷，都能够将其负荷的特点以及规律分析出来，从而提供丰富可靠的参考数据给电力管理及营销。

四、智能模式在现代电力工统自动化配网当中的应用

集中智能模式。在这种模式下，自动化配电网的重点工作应该是通过断路器等特定设

备将系统检测到的设备或线路具体的故障信息传输到主站的控制系统当中。确定故障的确切位置时应该要进行严谨的分析及计算。通过采用配电网当中的控制功能以及预期相对应的控制装置来隔断故障。采用这种智能模式综合考虑到了负载过载，网络损耗等各种不利因素，将对高度科学化的分析计算主站当作基础，制定出有效的恢复网损以及缓解过载现象的方法和对策，即特定的设备，例如，控制开关来将负荷进行转供，这种方法的适应性非常强，不仅可以用于具有不同结构形式的配电网络，还可以帮助排除并修复线路故障，这种智能模式非常先进，在架空路线以及环网结构当中使用是非常合适的。

该模式的优势：①如果配电网系统发生故障，那么不仅可以通过自动调度的手段有针对性且灵活的优化配电网系统的正常工作形式和工作模式，还可以根据工作人员的指挥来稳定运行系统内部的程序。②准确地向主站控制系统发送所收集的配电网中所有用户功耗状态（包括电源端口数、电压、电流）的实时数据信息，从而使得主站能够准确的实施远程控制配网系统，这不仅保证了信息沟通渠道的畅通，还提高了命令传输的速度。③在配电检测计量终端以及无功电压补偿装置等方面具有非常好的兼容性，这可以方便配电网发挥其自身的自动化无功控制功能。④对于集中智能，其自身就具有自动判定并且排除故障的功能，为了能够最大程度上的降低故障的影响以及损失，应该将其在使用时合并联合使用相关保护设备。

分布式智能模式。分布式智能模式一般是用于在配电网发生故障之后，对于配电网进行处理的阶段。当配电网发生故障之后，应在第一时间对其进行修复，不然很容易使得设备受到损害，从而造成经济损失，严重时还有可能造成人员伤亡。但是，因为自动化配网其自身就具有以下功能，例如，对故障进行判定、定位，并对故障进行隔离等，因此，可以让配网网络进行重新架构，从而尽可能的减少操作步骤，使得操作更加简便、容易。分布式智能控制模式所采用的最重要的装置是通过FTU连接多个断路器，并使其形成的分段器（或分段开关），这其中起着非常重要作用的是分段器的重合功能。根据它的工作原理，可以将它们分成两类，即电压控制型开关以及电流计量型开关。前一种开关判断故障发生的大致范围是通过主站分段器的第一次产生电流与第二次产生故障电流之间所经过的时间来确定的。后一种开关对故障区域进行判断主要是通过由于故障电流通过而发生的开关次数来决定的。

该模式的缺点是：①会对配电网络系统以及用户终端造成很大的影响，且这种模式处理故障的速度，以及恢复供电的速度较慢。②主站的速度设置和重合闸的设置参数需要不断地进行更改，更改次数过于频繁，特别是在电源较多或者支路较多的复杂配电网当中，很难确定一个具体的参数。③在同一条线路当中，上下重合器之间，选择动作的性能较差。

随着我国经济的快速发展以及科学技术的不断进步，人们的生活水平正在不断提高，因此，对于电力能源的需求也在急剧增加，电力能源在人们的生产、生活当中有着不可替代的作用，这就给电力行业的发展提出了更加严峻的考验。现如今，现代电力工统自动化配网智能模式已经得到了广泛的应用，其融入了大量的科学技术，不仅在一定程度上提高了电力行业的生产效率，而且还有效地降低了发生故障的可能性，并提高了处理故障以及对现代电力工统进行维护的水平，全面推动了我国现代电力工统自动化配网智能模式技术的发展和创新，提高了电力行业的经济效益。

第五节　新能源现代电力工统的运营模式及关键技术

现代电力工统的安全性和可靠性，直接影响人们的生活和生产质量。随着信息技术的迅速发展，人们对现代电力工统运营模式和关键技术提出了全新要求。伴随着新能源的诞生，将其与互联网结合在一起，可为现代电力工统的可持续发展奠定基础。因此，从能源互联网背景下新能源现代电力工统的概述入手，阐述新能源现代电力工统运营模式，总结新能源现代电力工统的关键技术，旨在为推动电力企业更好发展提供借鉴，强化可再生能源的有效应用。

自经济全球化发展后，我国互联网技术得到了飞速发展。在新能源互联网背景下，现代电力工统的运营模式发生了很大变化。优化和转变传统现代电力工统运营模式，成为时代发展的必然需求，也是电力企业走向可持续发展的必经之路。因此，从相关概述入手，阐述能源互联网背景下新能源现代电力工统的运营模式和关键技术。

一、能源互联网背景下新能源现代电力工统的概述

发展现状。新能源现代电力工统和常规能源现代电力工统相比具备更大优势。在资源数量和清洁环保中，新能源现代电力工统能够推动电力企业的可持续发展。就实际情况而言，新能源现代电力工统的推广和应用成为目前急需解决的问题。

目前，新能源种类主要包括风能、核能、太阳能、水能等。通过将新能源和互联网技术结合在一起，能够实现信息资源的收集与掌握，为不同单位提供数据共享，提升现代电力工统运行效率，探索出全新的能源现代电力工统运营模式。

必要性。随着社会用电量的增加，现代电力工统控制和管理面临着全新的挑战与要求。能源互联网属于全新的技术，可有效传导信息流和能量流，为各个电力单位实时提供共享资源。在信息系统技术上，能源互联网可实现信息的双向传导，逐步组建一个高效的现代电力工统网络平台，确保各项资源的有效共享和应用。

当前环境下，社会用电需求具备明显的随机性，致使现代电力工统供需不均衡，难以保障现代电力工统的稳定运行。通过应用能源互联网可逐步细化各个群体、环节内的用电需求，在用电需求基础上制定针对性的供电计划，从源头消除各类安全隐患，确保供需之间的均衡。此外，新能源现代电力工统还可促使现代电力工统供电的协调性和规划性，促使现代电力工统朝着科学化方向发展。

二、能源互联网背景下新能源现代电力工统的运营模式

随着时代经济的全球化发展，互联网技术也得到了迅速发展，并在各行各业得到了广泛应用。为推动电力企业更好发展，应当及时转变新能源现代电力工统运营模式，促使能源和互联网技术结合，研制出适应当前时代发展需求的现代电力工统运营模式。

分布式电能模式。分布式电能模式在新能源现代电力工统内属于一种特殊的运营模式，应用较多。居民通过应用太阳能设备，能够将多余的电能输送到电力单位和供电单位中，由现代电力工统进行统一供给与分配，实现电能资源的有效应用。但是，分布式电能供应来源较为分散，会产生很多数据信息。为保障系统运行的稳定性，应借助互联网技术统一分析数据信息，逐步集中分散能源，选取交互经营模式，强化新能源的应用。

能源供需协调。在能源互联网背景下，能源供需协调规划是新能源现代电力工统运营的显著特点，可有效解决当前社会电力供需不协调的问题，保障各项资源有效应用，同时加大可再生能源的应用。在能源互联网中，能源供需协调规划可全面掌握不同群体的用电情况，在此基础细化供电计划，解决供电不协调的问题。总而言之，在新能源背景下，现代电力工统可实现能源需求协调，弥补传统现代电力工统供需模式中的不足，实现内外部环节的优化，全面提升新能源在现代电力工统内的渗透率，以此推动我国电力企业的可持续发展。

新能源电力规划。能源互联网背景下，需逐步形成全新的运营模式。新运营模式能够为电力企业信息获取、技术使用提供便捷性。深入分析信息、数据，可制定出科学、合理的供电计划，均衡电力资源供需，切实降低电能供应阶段的资源损耗，为新能源现代电力工统的发展保驾护航，确保电能供应的稳定性和均衡性。实际应用中，新能源电力规划具有两个优势。第一，在发电阶段，可开展有效调控，实现现代电力工统运转效率的提升。第二，优化区域供电量，实时搜集大数据信息，开展深入分析，总结区域内的电能需求，确保电能输送的合理性和科学性。

模块协作模式。在新能源现代电力工统运营模式中，会将能源体系分为不同的部分，通过在模块基础上进行单独优化，可集中互补优势。在新能源现代电力工统运营模式下，会将现代电力工统划分为能源生产、能源传输、能源利用。不同的模块均具备优化均衡能力，可促使模块实现集中协作。新能源现代电力工统应当遵循"自发自用、合理应用"的原则。在用户能源分散模式中，生产者和消费者打破了传统现代电力工统独立化困境。新能源现代电力工统在实际运营中需要结合发电机和柴油机，与储存设备形成紧密结合，促使各个模块均衡，实现电能资源的有效应用。在模块无法实现自身均衡的情况下，模块协作模式可实现优势互补，在最低成本的基础上获取最佳的效果。

三、能源互联网背景下新能源现代电力工统的关键技术

针对我国当前能源短缺的现状，为推动各个行业的可持续发展，应当注重新能源系统的建设。电能是我国生产中的主要能源，具备二次能源特征。因此，互联网环境下，必须创新新能源现代电力工统运营模式和关键技术。在能源互联网背景下，为促使新能源现代电力工统的正常运行，满足各个行业的发展需求，应当注重新能源现代电力工统内关键技术的应用，依据实际运行情况，逐步优化关键技术。

信息交互技术。信息交互技术与广域能源资源协调规划技术有很大相似点。信息交互技术可在大数据基础上强化云计算的应用，组建出全新的现代电力工统。在系统内融入各种先进技术，包括大数据采集技术、大数据识别技术和大数据挖掘技术。能源模块内信息交互协作技术与互联网技术的结合，可以精准采集和筛选数据，并将数据传输到云端，及时排除无效数据，将有效数据传输到相应界面，针对存在异常的数据和信息开展精准识别。在信息交互过程中，可有效结合能源模块信息交互技术、配电网技术，组建整体性的能源结构。通过合理应用大数据技术，可预测用户的消费结构，解读传统数据，借助先进手段筛选出高价值信息，促使各方相互协调，合理调整我国城乡用电需求和能源结构。

多源能量交互。在传统现代电力工统基础上融入新能源电力，可形成新的现代电力工统。由于这类现代电力工统结构较为复杂，在能源供给上可实现分布式发电。因此，不管是在能源使用还是在能源储存上，均具备多元化的特点。在这类情况下，为保障现代电力工统的稳定运行，应当逐步完善各个能量模块内的交互体系，促使新能源电力供应和需求均衡。多源能源交互需要互联网技术的支撑，通过应用大数据、云储存和云计算技术，可实时进行数据识别和分析，及时纠正其中的错误信息，筛选出有效的数据与信息，以此为多能源模块交互运行提供技术支撑。

协调规划技术。在互联网背景下，广域能源资源协调规划技术属于其中的关键技术，可保障现代电力工统的稳定运行。广域能源资源协调规划技术内的地理信息系统，能够绘制区域内的地图，收集各项数据并集中处理，充分凸显出大数据的时代特征。广域能源资源协调规划技术可在区域能源地图上深入分析其中的各项数据，从各个方面入手，直观展现区域情况。在此基础上，管理人员能够精准掌握区域内的人口数量、能源分布情况等信息，正确认知能源分布情况、节能情况、能源消耗情况等，进而根据实际情况，基于资源设施制定最佳的建设计划，合理、科学配置各项能源资源，避免新能源供应不足。广域能源资源协调规划技术可实时采集大数据，在此基础上建立仿真模型，制定最佳的现代电力工统协调分布方案。

协同调度技术。在能源互联网背景下，为保障新能源现代电力工统的稳定运行，应当将不同的能源结构结合在一起，更好地满足当前用户对电力资源的需求。通过调查能源需求，精准掌握区域内的实际用电量，在搜集数据技术上开展深入分析，依据实际情况合理

布置新能源电力，可为新能源电力的规划和发展提供有效参考意见。在协同调度技术背景下，不仅可以保证新能源电能的统一规划，还可降低能源供应过程中的资源损耗和浪费，为电力企业的可持续发展奠定基础。

随着各行各业的迅速发展，能源需求愈发紧张，供需不足属于常态。电力供应作为大能耗行业，建设新能源系统十分必要。在当前能源互联网背景下，必须重视现代电力工统建设与运营模式的优化，深入分析其中的关键技术，为新能力电力的发展创造条件，以此推动我国新能源电力的快速发展，从而更好地满足人们的生活和生产需求，实现国民经济的稳定增长。

第六节 高载能企业参与现代电力工统调度的模式

高载能企业参与现代电力工统调度，可以发挥出改善现代电力工统运行经济性，减少企业用电成本的功能。集中式联合调度模式、分布式联合调度模式和单步协调调度模式等多种调度模式是高载能企业参与现代电力工统调度的主要措施。对高载能企业参与现代电力工统调度的模式与效益问题进行了分析。

高载能企业是节能技术发展和创新的主要力量。用电量大、用电成本在生产成本中所占比重较大和内部负荷的可调节性是高载能企业的主要特点。现阶段我国正在推行鼓励高载能企业向可再生能源发电基地转移的措施。这一措施的实施，可以对高载能企业在备用不足及调峰能力不足的情况下出现的弃风、弃光问题进行有效解决。为促进高载能企业与可再生能源之间的组合，相关人员需对高载能企业参与现代电力工统调度的模式与效益问题进行分析。

一、高载能企业参与现代电力工统调度的模式分析

随着我国电力行业的不断发展，电力负荷预测的合格率已成为了事关电力调度运营的重要因素。电力负荷的预测目标包含了以下内容：一是未来功率的预测；二是未来用户用电量的预测；三是为电力峰值、电站容量和设备运行提供一定的数据支持。高载能企业参与现代电力工统调度模式的建构，可以为高载能企业电力负荷预测的合格率的提升提供一定的保障。基于高载能企业电力负荷分析研究需要，我们可以假定高载能企业的 ELE 体系由自备电厂、不可调负荷和可调负荷等多种元素组成。在上述假设成立的情况下，与高载能企业有关的可调负荷主要包含有以下两方面内容：一是连续可调可中断负荷；二是离散可调负荷。连续负荷的可调特性表明人们可以在一定范围内调节负荷的有功功率，并借助有功功率的调节，改变产出量的能力。可中断特性表明这种负荷在限定的时间长度内暂停电力供应以后，并不会给设备带来一定的损坏。金属和单晶硅冶炼等负荷由多个冶炼炉

组成，在单个炉的消耗功率难以调整的情况下，这种负荷并不会为系统提供旋转备用。

高载能企业综合模型的建构，是满足设备运行约束，描述其追求利润最大化行为的有效方式。准成本效益模型的构架，是表征这一行为的有效方式，负荷效益是这一模型建构过程中不可忽视的内容。它与订单内外的产品之间存在着一定的联系。如，订单内的产品具有着收入既定的特点，其负荷效益并不会包含于模型之中。针对订单以外的产品，人们需要关注的内容为与之相关的相关成本盈亏平衡点。负荷调节成本和存货成本等因素和EIE 综合模型之间存在着联系。

二、高载能企业联合调度模式的构建

CCS 模式的建构。CCS 模式指的是高载能企业参与现代电力工统调度以后所构建的集中式联合调度模式，这种参与模式与一些国外学者提出的发电与负荷联合模式之间存在着相似性。这一模式的建立，可以让 ELE 模型纳入到系统模型之中。从数学的角度来看，这一模型可以被看作是混合整数线性规划问题的反映。因此商业优化工具可以被看作是求解这一模型的有效措施。从 CCS 模式的实际应用情况来看，计算效率高是这一模式所表现出来的主要特征。这一模式也存在着参数复杂性的问题。例如这一模型中的部分参数涉及了产品的售价、订单信息等内容，高载能企业并不能完全将这些敏感化的商业信息公布于电网之中。因而这一模式在实际应用环节还存在着缺乏可行性的问题。

DCS 模式的建构。DSC 模式指的是 ELE 模型中的分布式联合调度模式。这种模式具有提升 CCS 模式的功能的作用。在 DCS 模式之中，系统和 EIE 决策模型可以被看作是联合调度问题的子问题，并需要借助企业与电网之间的协调机制保持边界变量的一致性，边界中的电量和备用价格也可以发挥出协调信息的作用。这一功能可以让现代电力工统调度模式参与方借助给定价格下的响应作为交互内容，进而让迭代形式成为各个参与方决策匹配性的保障因素，此时参与方可以通过交换边界量的形式，为 EIE 的隐私提供保障。计算效率低是这一模式在实际应用过程中表现出来的主要缺点，同时，这种调度方式对通信可靠性的依赖程度相对较高。

SSCS 模式的建构。SSCS 模式为 ELE 模型中的单步协调调度模式。这种模式主要应用于系统复杂度高、计算效率过低及通信不可靠的环境之下。在实际应用阶段，SSCS 模式可以被看作是对 CCS 模式和 DCS 模式进行集中处理的产物。在不考虑 EIE 因素的情况下，人们可以从 SCUC 计算结果入手，确定电量备用价格。高载能企业需要根据这一价格进行决策，系统会将自身所接受的计划视为给定边界量，并在完成 SCUC 计算的基础上，完成调度计划的建构。从这一模式的本质来看，SSCS 模式是对 DCS 模式多步迭代过程的简化，在 DCS 模式中的多步迭代过程被简化为一次协调过程以后，这一模式也会表现出对生成交易价格的具体策略的依赖性，在多步迭代规程被简化以后，SSCS 模式并不能为调度结果的精确性提供保障。

三、高载能企业参与现代电力工统调度的效益分析

现阶段高载能企业的用电能耗问题是社会关注的热点问题。在能源消费领域，不同领域的高载能工业在消耗能源的过程中具有较为明显的差异，化工行业、冶金行业、造纸行业和建材行业是能源较为集中的领域。相对于重工业，轻工业的平均产值要高于重工业的产值，重工业领域包含了一些高耗能企业，轻工业中的造纸行业也存在着能耗高的问题。从高载能企业的能源消费特点来看，高载能企业参与现代电力工统调度的效益分析，可以被看作是电力企业加强对高载能用户管理的有效措施。

算例分析法是高耗能企业参与现代电力工统调度的有效方式。从算例分析的实际情况来看，本节中可以应用以 IEEE39 节点系统为例，进行算例分析。在现代电力工统调度的效益分析环节，相关人员首先需要借助算例分析，对联合调度的必要性进行明确。从机组组合的作用来看，在新能源技术应用于高载能企业以后，人们可以假设 EIE 用自备机组进行自给自足，在不计风电接入的情况下，人们可以对系统电价和高载能企业的边际用电成本等因素进行计算，并要对 EIE 的边际用电成本与系统电价之间的差值进行明确。此时从电差价的变化情况来看，如果高载能企业的边际用电成本高于系统电价，企业所采用的系统购电措施既可以发挥出降低成本的作用，也可以让系统通过交易方式获取一定的收益。在对电力企业与高载能企业之间协调以后的电力交易量进行分析以后，我们可以发现，电价差是交易的主要驱动力。在电价差为正值的部分时段，现代电力工统调度模式还表现出了反向交易的问题。反向交易现象的出现，与高载能企业 EIE 设备的运行约束之间存在着一定的联系，与之相关的算例分析结果与 EIE 逐利行为特征之间存在着一定的相似性。

在对高载能企业参与现代电力工统调度模式的 EIE 系统上下旋转备用问题进行分析以后，我们可以发现，与现代电力工统调度模式有关的协调模式的备用服务价格与市场机制之间存在着一定的联系，根据我国目前的备用服务体制，企业主动提供备用服务的动机尚不明确。如果企业可以借助出售备用服务的形式获取收益，这一部分的备用可以得到充分运用。因而我们在对随机负荷情境下的联合调度收益情况进行分析以后，可以发现，在无可再生能源接入的情况下，联合调度也可以带给相关企业以可观的收益。系统与高载能企业之间边际成本不等问题是双方开展联合调度的主要动机。在无可再生能源接入的情况下，高载能企业在参与现代电力工统调度模式以后，可以在进行负荷调节的同时，与系统之间进行灵活交易，进而促进双方交易效益的提升。

现阶段高载能企业的用电能耗问题是社会关注的热点问题。从能源消费领域的实际情况来看，在无可再生能源接入的情况下，高载能企业在参与现代电力工统调度模式以后，可以在进行负荷调节的同时，与系统之间进行灵活交易，进而促进双方交易效益的提升。

第七节　现代电力工统中通讯自动化设备及工作模式

中国电力工业发展非常迅速，现代电力工统涉及范围很广。所涉及的许多专业科目的资源也非常复杂和深刻。特别是现代电力工统通信系统发展迅速，并增加了大量的传输中继线。同时，传输系统的容量也在增加，这增加了网络管理和电路调度的难度。伴随着各行业自动化的普及，现代电力工统也引入了大量的通信自动化设备。在本节中，我们将讨论现代电力工统中的通信自动化设备和工作方式。

随着电力通信自动化的发展，电力通信设备类型的数量在增加，且电力通信设备中问题的可能性也在增加。面对这个问题，我们必须优化电力通信自动化设备的设计，充分发挥电力通信的优势。自动化设备的优点，做好现代电力工统的通信，确保现代电力工统安全稳定运行。

一、通讯自动化设备

人们的生活中经常可以看到现代电力工统中的许多通信自动化设备。这些设备可以很好地展现出一个国家的技术生产水平。现代电力工统中的通信自动化加快了信息传输的速度，使我们的业务更容易，使我们的工作更高效，并大大提高了行业的经济效益。因此，在科学技术飞速发展的时代，现代电力工统通信自动化设备的引入是非同寻常的。

微波通讯设备。微波通信是国家通信非常重要和有效的途径。它使用波长在1mm ～ 1m之间的微波 - 电磁波，对应于300GHz ～ 300MHz的频率范围。作为微波通信自动化设备，它具有独特的传播方式。它不使用许多固体的介质媒体进行传播，而是采用一种波的形式进行传输。这种电磁S微波可以跨越山河，无障碍地跨越墙壁。两点直线和非常远距离的长距离传输。这大大提高了它的传播速度，并且它具有大量的信息传输能力。同时，它也保证质量和数量，传输过程中对信息的损害可以说是非常小的。而且其使用光传输的特性也确保它可以承受非常大的干扰。它有很多好处，所以，它的出现对整个现代电力工统的通信行业有很大的影响。它已被广泛使用，并分为视距传播和跨地平线传播。

由于通信功能不同，微波站也分为许多不同的类别。使用不一样的通信设备是因为微波站的类型不同，但其主要设备是复用设备，控制电源的设备和信号塔，以及用于传感信号的天线，以及用于接收和发送信号的机器。由于它是自动化设备，当然还有自动控制仪器。我们需要收集各种波浪，把它变成一束，然后用它来发射。出于这个原因，我们通常使用天线并且是抛物线的，因为抛物面可以像凹透镜一样聚焦，以便我们可以使传输距离更远。他们可以这样做而不受干扰，即使有很多接收器和发射器，他们也可以使用相同的天线。它的容量也可以大大增加，可以说是非常先进的。模拟电路和数字电路是两条不同的路线。我们可以为我们的电话，在线数据和电视节目以及其他业务使用微波通信自动化设备。

载波通信设备。PLC是电力载波通信的缩写。现代电力工统中独特的通信方式是载波通信，现代电力工统中的载体系统是一种已经在使用的专用电力线。它不需要重新发明一个新的网络；它需要一条专用电源线，通过我们自己的方式或我们的方式传递我们的模拟信号。数字信号数据的传播速度非常快，效率也非常高。我们现代生活的智能家居可以用于非常智能的控制和沟通，为人们的生活带来极大的便利。

①传输线使用现有的电子线路，包括许多明显的线路，对称的电缆等作为传输介质，并且不需要重新构建新事物。②载波通信设备的载波通信设备是传统的介质。与上述微波通信相比，其传输性能并不高，长距离传输通常会有损失。因此，有关专家提出了增加运营商通信中各个路段声音的想法。该线路内的设备包括线路放大设备和均衡传输设备，通过道路调整补偿线路中的损耗。③运营商通信设备的终端类似发送机，还有两个部门发送信息和接收信息。发送信息的部分包括许多调制器，过滤波长外机器，调节波长的机器和放大信息的机器。这样，各种信号被调整到预定的轨迹，然后一部分效用值被进一步放大到指定的参数。接收信息的部门也相应地运作。还有各种设备可以帮助转换成我们需要的信号光纤通信设备。"光纤"这个词很专业，但对我们来说并不陌生。正如其名称所暗示的，光纤通信是一种通过光和光纤将信息传输给我们的通信手段。它在当今的有线通信中扮演着非常重要的角色。由于人类发现光照可以在调整变化后传递信息和传播信息，因此在这个时代做出了突出贡献。我们使用的手机，互联网上的信息以及我们观看的电视信号都可以通过光纤传输。

众所周知，信号是不能被光纤用来直接传输的。①我们需要的特定的光信号应当是由特定的发射器来产生并发射出来的。②这样的信号才可以用光纤进行传输。③这样的信号也需要特定的接收器来接受并转化。光信号通过一系列转换成我们需要的电信号，与通常的有线传输方法相比较，用光纤传输信号的效率非常高，长距离传输信号的衰减很少，对干扰的抗性很强，保证了传输信号的质量。可以通过与传统的传输线路相比，光纤传输是在众多传输网络上建立起来的，施工复杂，周期很长，成本又高，这些问题一直困扰着光纤网络建设的施工。作为很重要的光纤通信的器件，光纤通信发射器可以把电信号转换成光信号，之后可以通过光纤进行传输。然而，在光纤技术不断发展进步的过程中，光信号的色散和衰减等问题逐渐显现出来，这就需要对其进行深入研究，终究有一天可以解决这个问题。

二、现代电力工统中通讯自动化设备的工作模式

现代电力工统的多样性使其工作模式也必须多样化。据说有必要适应当地的条件，这同样适用于通信工程。我们要传输的工作不同，环境不同，传输信号不同，应用范围也不

尽相同。这导致产生不同的工作模式。我们需要提高员工的技术水平，让他们及时改变工作方式，并根据不同的沟通方式，辅以不同的工作方式。因此，培养一批高素质的专业人才也是重中之重。可能是信息的传输，有用信号的传输或信息的交换。这些信息可以是图表或文字。它可以变化，但以这种形式我们无法实现转换。在任何情况下，我们必须将它转换成电信号，要转换的是输入设备，通过它将信号转换，然后通过上述各种媒体传输，以达到我们想要的效果。

传输过程中将不可避免地遇到很多障碍，如何快速有效地避免它，即使是长距离传输，保证质量损失少，传播迅速也是非常重要的。此外，我们还必须考虑实施的难度和费用。毕竟，这是一个经济社会。这只是在一定条件下可以获得的最重要的经济利益。在当今社会，光纤应用最为广泛。但如今，各种新材料不断涌现，中国通信技术产业发展迅速，科技水平的提高也激励着现代电力工统的不断完善。据信无论是微波通信还是传统的载波通信或光纤系统都可以得到它。有些参与者希望在不久的将来出现更有效的沟通方式。无论是通信技术和设备的先进性还是工作模式的多样性，对通信行业的发展都有着不可或缺的影响力。

现代电力工统通信产业有很大的发展潜力。随着人民生活水平的提高和社会科技进步，我们的要求和期望也不断提高。传统的传播形式尚未能适应社会的发展。传统的无进展工作方式无法实现这一行业。跨越式发展。这是一个拥有庞大而复杂的专业知识体系的专业学科。我们希望沟通高效，高质量和高质量。如此大量的请求应该让部门人员以压力为动力，同时也希望本节能够在相关人员中发挥实质性作用。

第三章 现代电力工统的实践应用研究

第一节 现代电力工统应用分布式电源的意义

结合是合计，对现代电力工统应用分部之电源的意义进行分析，首先探讨了当前分布式电源的分类。其次，在分析分布式电源分类对现代电力工统的影响的同时，对分布式电源分类对现代电力工统的影响开展讨论。

分布式电源可以应用到污染相对较小的环境下进行发电。在现代电力工统的正常运行阶段，分布式电源的分类与介入方式有着非常明显的趋势，会给现代电力工统产生较大的影响。工作人员需要充分了解变化规律，以更好的通过分布式电源给用户提供完善的电力服务。

一、分布式电源分类

风力发电技术。风力发电是当前一种环保效益非常好的发电技术，能够把动能直接转化成为电能。这种方式的发电机系统可以利用三相异步电动机、可调节式异步电动机、反馈式异步电动机和同式电动机等来完成发电操作。在利用转换器接入的过程中，如果电网存在短路的问题，转换器会自动断开分布式电源与电网，而应用直接接入的方式就不会存在这一问题。

光伏电池发电。光伏电源是目前的一种应用高效且效果非常好的发电技术，同时能够将导体与转换器将太阳能直接转化我电能。光伏电源可以达到节能环保的要求，且能源转化率非常高。因此，在分布式电源中，光伏电源成为当前的主流形式。现代电力工统所存在的电流主要是交流电，并不能满足光伏发电的需要。故，在接入系统的情况下，要进行必要的电流转换，并且需要适当的提高电压，可以让其和电网的平均标准值达到一致性的要求。

光伏电源不能直接进入到现代电力工统内，可以进行必要的应用元件的转换。电网系统中存在短路或者断路的情况下，元件会导致光伏电源和现代电力工统切断，此时的光伏发电会独立的运行，可以更好地发挥出分布式电源的作用和效果。

燃料电池技术。燃料电源利用化学反应可以将其转化成为电能，以满足现代电力工统的运行需要。燃料内的氢离子遇到氧气之后，就会直接转化成为新的化学元素。离子在不断的运动之下而形成电流，给系统供电。因为接入方式有着明显的区别，所以在应急处理的过程中也存在明显的差异。直接接入电源能够确定在不同的位置上，然后可以产生不同的效果。而利用转换器直接和电源连接，因为其有着不同的性能，所以在突发的情况下能够直接把分布式电源在现代电力工统内抽离出来，并不会加重断路。

二、探究分布式电源分类对现代电力工统的影响

现代电力工统中接入分布式电源之后，会使得整个系统内的电流、电压与电阻发生巨大的改变。现代电力工统内运行的分布式电源和其他的电源相互作用之下会产生闪变的情况，进而给电力用户的正常应用造成不利的影响。直接接入的分布式电源由于所接入的位置存在着明显的不同，所以会给整个系统的运行造成不同的影响，甚至还会存在有电网内部的电阻与电流分布不均衡的问题，电压也会出现上下波动剧烈的情况，致使现代电力工统运行难以稳定。因此，技术人员必须要进行系统的改进和完善，比如，利用导入谐波的方式可以使得现代电力工统运行的平衡性。从当前的分布式电源具体的种类与厂家的不同，需要采取必要的措施来有效的提升现代电力工统分布式电源的质量水平。现代电力工统用户可以按照不同电力能源使用需要，综合分析供电价位，选择下面其中一种方式：

第一，通过电网直接供电；第二，通过电网供电，也可以自行发电；第三，完全自行发电。分布式电源在具体应用环节有着很多的问题无法解决，比如分布式电源接入到系统内部之后，不管是系统运行方式，还是内部结构都会有着明显的差异，此时系统运行稳定性将会大幅降低。工作人员在具体实施环节，要深入的掌握分布式电源了解系统运行规律，消除不良因素的影响，可以大大提升系统运行的稳定性。目前我国很多城市和地区都有着固定现代电力工统，在进行系统新建环节，必须要综合分析电量负荷参数的影响。现代电力工统投入运营 5 年之后，电网内的负荷也会随着时间的推移而增加。

三、发展分布式电源的意义

从实际应用的状态分析，目前的分布式电源和传统电源有着非常明显的优势。比如，分布式电源可以通过多种方式进行发电，且操作方便快捷，在输送环节不会造成严重电力能源消耗的情况；与用户距离较近，便于操作与管理；体积小、空间利用率高。分类式电源其中含有多个类型，比如光伏电源、风力电源等清洁能源，可以更好地保护生态环境。此外，分布式电源的使用并不会造成较大面积的树木与植被的损坏，同时还能够预防出现高压裸露等危害事故。合理的进行分布式电源连接后，可以保证系统安全、稳定的运行，使得用户更加方便快捷。在电网发生故障问题之后，分布式电源还能够保证连续供电，现代电力工统运行更加安全稳定。

传统电源有着非常明显的缺陷，比如设备运行复杂、占地面积过大等。分布式电源可以彻底解决这些问题。因为分布式电源占地面积较小、制作时间段，在未来应用中，能够按照具体的用地需要来进行合理的布置分布式电源，可以更好地弥补我国能源缺乏的情况，如有必要，可以将分布式电源与现代电力工统进行分别设施，并不会给用户造成任何的风险与问题。

分布式电源依然存在很多现实问题没有解决，致使其无法实现大范围的应用。对于当前存在的负面因素问题，需要合理的利用其优势，更好地发挥出其应有的作用，这是当前的研发人员所研究的重点。根据实际的运行需要，改变分布式电源的设计方案，提高其容量、兼容性等，可以使得电压更加的稳定。此外，还可以通过跟踪记录了解其对于现代电力工统所产生的不利影响，分析其变化的规律，使得整体的运行效果得到提升，促进现代电力工统领域的发展和进步。

分布式电源是当前一种应用非常效果非常好的供电方式，可以更好地弥补当前传统电源供应不足的情况，给现代电力工统提供充足的能源供应，有效地降低运行与维护的成本，促进电力领域的发展和进步，推动经济与社会的发展，对于实现人类社会的可持续发展有着非常积极的促进作用。

第二节　电工电子技术在现代电力工统的应用

近几十年中，我国的现代电力工统得到了快速稳定的发展，为我国的经济发展提供了重要的原动力。而电工电子技术在我国现代电力工统中的广泛运用，为这一原动力提供了更多的推动力量。就电工电子技术在现代电力工统的应用展开了谈论。

一、电子电工技术的特点

（一）电子电工技术的集成化特点

电子电工技术的集成化特点就是全控形器件，是依靠多种单元器件的并联而形成的。在电子电工技术方面，它全部的基片为一个集成，这与传统的器件有着完全不同的分配方式。

（二）全控化特点

电子电工技术的全控化，表现在其各类有自关断功能的器件中，它取代了传统电子电工技术的半控型普通晶闸管的应用，这就使电子体检的功能层面有了很大的突破。电子器件全控化的实施使电子电工技术的自关断器件能够代替复杂的换相电路的传统器件，进而也在很大的程度上简化了电子电工技术的电路设计。

（三）电子电工技术的高频化特点

高频化特点就是指器件在实现集成化的同时，不仅要提高它的能力，而且还要提高它的速度。例如，电子电工技术中所应用的电力晶体管，它的工作在十千赫兹频率下。电子电工技术的绝缘栅双极型晶体管，它的工作在数十千赫兹以上，而电子电工技术中所应用的金氧半场效晶体管，它的工作可达到几百千赫兹以上。

二、电工电子技术的意义

电工电子技术的应用，现代电力工统的正常运行将会得到很好的维护，同时在利用和分配电能资源方面具有巨大的作用，对现代电力工统高效运转起到了很好的保障作用。当前，社会各领域都在强调一体化发展。电工电子技术应用在现代电力工统中，需要在实践中不断加工和处理，以便能够有效保证现代电力工统的安全和稳定。

三、现代电力工统中电工电子技术的应用

（一）发电环节的应用

现代电力工统发电过程中，必须应用各种各样的发电设备，利用电工电子技术，有利于发电设备性能的发挥。比如，静止励磁技术。静止励磁依托于晶闸管整流自并励模式发挥控制作用，具有安全度高、成本低的特点，如今已经被世界各国广泛地推广和应用，在提升调节速度、控制规律功能和作用发挥方面具有十分积极的效果。又如，变频调速技术。在现代电力工统中，变频调速技术的应用主要集中在发电厂风机水泵中，将变频调速技术应用在系统中，能够实现对风机水泵的变频调速，提升节能减排效果，随着变频调速技术的不断完善，它已经被广泛地应用于发电厂风机水泵中，发挥出了巨大的作用。

（二）静止无功补偿中电工电子技术的应用

电工电子技术在输电系统中的重要应用表现在静止无功补偿方面。即使当前我国大多数现代电力工统并未采用这种输变电系统，但是有部分国家已经开始应用。将这种技术应用于其中有效地改变了传统电气开关，利用晶闸管作为全新的开关设备，有效准确、迅速地控制设备，提高了电力输送的控制效果。这也充分体现电工电子技术在输电系统中的重要作用。

（三）电子电子技术在变负荷电动机中的应用

在世界能源使用情况不乐观的情况下，节能已经成为一项世界性的活动。针对这种情况，电力公司在输送电能的过程中应当更多地节约电能。如果电力公司要想更好、更多地节约电能，应当从发电环节就开始节能。电力公司在为人们日常的生产生活提供稳定电能的过程中，现代电力工统自身也会消耗一定的能量。无论采用何种新型的发电模式，都是

将其自身的能量转化为电能。现代电力工统在输送电能的过程中，可以通过这两方面进行考量：（1）减少其他能源的消耗，促使能量最大限度地转化为电能；（2）现代电力工统在发电的过程中尽可能减少对自身造成的损害。节约能源无论从哪方面着手，都应当在负荷方面对转动的速度进行调整。这项技术要想使用得更为精准，其中就必须应用到电工电子技术。电工电子技术的应用能够取得良好的节能效果。

（四）电子控速技术的应用

在现代电力工统中应用电子控速技术，能促使电动工具自身的串激电机具有不同的特殊性能。比如，额定负载转速、空载转速等。电子控速技术主要应用在恶劣环境下的现代电力工统中，不仅可以很好地提升电力企业的工作效率，还可以有效降低噪音的产生几率，以此来降低负载功率的损害程度，从根本上增强电动工具自身的使用周期。

（五）微机控制技术的合理应用

由于微机控制的电动工具自身的整体结构较为简单，电动工具的机械部分与普通电动工具的机械部分一致。因此，在现代电力工统中不需要做出过大的改变。单片机作为微机控制的重要组成部分，主要的特点是具备良好的控制能力以及操作能力，为有效避免受到人为因素的影响，可通过微机控制屏上的按钮进行控制，以此来提升电力企业的工作质量，不断降低电动工具的磨损程度。

在现代电力工统不断发展的过程中，电工电子技术的广泛应用，不仅为电力公司提供稳定可靠的电能创造了有利条件，同时还促使现代电力工统获得了较好的发展。这样在满足用户电能需要的过程中，促进电能节能措施的实行。

第三节　嵌入式技术在现代电力工统的应用

近些年来随着科技的发展，如何将嵌入式技术这一科学性较高的先进技术应用于现代电力工统中，并最大限度地提高现代电力工统的性能成为当今学者和社会普遍关注的问题，本节在对嵌入式技术和现代电力工统中的嵌入式系统的含义进行解释的及基础上，对嵌入式技术在现代电力工统中的应用进行了分析，最终提出嵌入式技术在现代电力工统中的发展前景，以提升现代电力工统的性能进而推动科技的发展。

近些年，嵌入式技术得到了快速的发展，其已经成为微电子技术和计算机技术的分支之一，并且嵌入式技术的出现改变了计算机的分类，具体来讲，在过去计算机是按照体型来进行分类的，分为巨型计算机、大型计算机和小型计算机，加上近些年出现的微型计算机，嵌入式技术出现以后，计算机分为了通用式计算机系统和嵌入式系统计算机。不仅如此，嵌入式技术还广泛应用于金融行业、电信行业和医疗行业等，甚至嵌入式技术早就应用于军事领域。当嵌入式技术应用于现代电力工统中时，可以应用于数据收集、仪表检测和自动装置等方面，相信在科学家的努力研究下和国家的大力关注下，嵌入式技术也一定能够开拓更广泛的应用前景。

一、嵌入式系统的内涵

嵌入式系统有两层含义，即狭义和广义之分。广义上来讲，嵌入式技术就是一个具有强大功能的计算机软硬件集合体，也就是说，广义的嵌入式技术包括嵌入式硬件和嵌入式软件，而片上系统作为嵌入式软硬件的载体，是嵌入式系统的最高形式。而从狭义上来讲，嵌入式技术就是装进并监控某一设备的计算机系统，即，采用嵌入式技术以后，就分为目标机和宿主机两部分，宿主机对于目标机来说是控制方，其能够使得目标机的单一性能得到完善。

与通用式计算机系统相比，嵌入式系统的每一套方案都有应用的特殊场合，也就是说，嵌入式系统有其特殊的功能，依旧凸显了嵌入式系统的针对性和目标性，不仅如此，由于嵌入式系统具有目的性，因此嵌入式系统也就更容易受到空间、宽带和成本等因素的影响，也就是意味着针对不同性能的目标机，必须实现嵌入式硬件和嵌入式软件的量身定制，所以相对于通用式计算机系统来说，嵌入式系统的时间成本和科学性也就更高一些，凸显了嵌入式系统的时效性。

二、嵌入式系统在现代电力工统中的应用

应用于微机保护。从微机保护的发展历史来看，微机保护经历了插件式、多单板机式和多单片机式，微机保护的发展历程实际上也是新技术的应用历程，具体来讲，插件式应用的是工业计算机技术，多单板机式应用的是微电子技术，而多单片机式采用的则是网络通信技术，也就是说，在不同的时代下和技术发展的不同历程中，每一种新技术的应用都在改变着微机保护的手段，当前的嵌入式技术已经在微机保护中得到了应用，尤其是在软件上也可以使用嵌入式操作系统了，这样与以往的只侧重于嵌入式硬件技术有所差别，当然也是嵌入式技术在微机保护应用领域的突破。

应用于自动装置。事实上，嵌入式系统在自动装置中的使用面比较广，具体包括微机准同期装置、微机稳定控制装置和微机励磁调节装置三种，这些嵌入式系统在现代电力工统中的应用，之所以以装置为后缀，是因为他们大多数是以单片机为核心来进行研发的。举例来讲，在现代电力工统和嵌入式装置的某些案例中，应该将单片机应用于嵌入式数据库建设中，这样才能储存足够的、能够保障系统稳定的策略信息，防止意外因素对该装置的不良影响。

应用于电费结算。作国祥相关部门的电力结算工作关系到国计民生，还关系到电网事业的利益与发展方向，也就是说，如果我国的电力结算不够准确，在对电力进行计量的过程中，偏差较大，那么不仅是国家防利益受损还是包括人民在内的用电方利益受损，都会

对社会生活和发展产生更巨大的影响，而嵌入式系统中的单片机可以被设计成可用电池来进行工作，一方面，因为它持续的时间较长，耗能较低，这也可以节约大量的资源，另一方面，嵌入式单片机的处理功能比较强大，使用嵌入式单片机出来电力结算工作，能够达到其他技术所无法比拟的效果，嵌入式单片机的性价比比较高，最后，在嵌入式单片机的内部含有大量的外围模块，而这下外围模块能够为电力结算工作的开展提供高效的开发环境，而且能够实现工业化生产，因此，嵌入式单片机具有其他技术所无法比拟的优势，它是非常适合电表的工业产品。

三、嵌入式技术在现代电力工统中的应用前景

在过去，大型数据的处理必须依赖计算机为工具来进行数据处理，但是嵌入式技术的出现改变着这样的状况，依靠嵌入式技术也能够实现大型数据处理，甚至与计算机相比，嵌入式技术的数据处理速度更快，甚至接近实时效果，而且嵌入式技术的存储能力比计算机更加强大，将嵌入式技术的这一优势应用于电网的继电保护上将会使得工作效率大大地提高。其次，嵌入式技术有望应用于 GIS 三维地理系统开发上，对全球定位系统的普及贡献力量。最后，嵌入式技术还可以应用于机器人开发领域，因为电力机器人能够实现现代电力工统完全意义上的安全生产，不仅能够有效减少路线维修人员的工作风险，还能进一步推动现代电力工统向着更加科学、工作效率更高的方向发展。

现阶段，嵌入式技术在现代电力工统中的应用包括自动装置、微机保护和电费结算等方面，且已经在一些领域取得了较为可人的进展，伴随着嵌入式技术的发展，国家相关部门和嵌入式技术研究人员，应该在加大嵌入式技术在现有的现代电力工统中的应用力度的基础上，对嵌入式技术进行进一步的开发，这样不仅可以提高整个现代电力工统的工作效率，而且还能够推动国家的科技的发展。

第四节　智能安防技术在现代电力工统的应用

随着我国科学技术的发展和进步，人们对电力的需求量逐渐增大，并且对现代电力工统的要求也不断提升。高清化、数字化、集成化以及智能化已经成为电力安防系统将来发展的方向。目前使用的传统电力管理已经无法跟上时代发展的步伐，因此，电力企业应该在改善现代电力工统安防系统时，合理应用智能技术，以实现现代电力工统安防智能化。本节主要对现代电力工统智能安防需求以及安防技术在现代电力工统中的应用。

近年来，我国工业、生产等产业的飞速发展，对电力的需求量不断增加，电力安保的重要性在不断提升的同时，人们其对的要求也相应提高。传统的现代电力工统管理方式已经无法满足人们对安防工作的需求。因此，智能安防技术在电力行业中被广泛应用，智能

安防技术不但能够提升电力安保的重要性，而且还能够提升现代电力工统的安防性，从而能够保证人们生产、生活的正常进行。

一、现代电力工统安全防盗智能化需求

电力与我们的日常生活和工作密切相关，是我国极为重要的行业。随着经济和科技的高速发展，电力行业逐渐与智能化挂钩，现代电力工统安全防盗智能化日益成为现代电力工统安全防盗的热点与潮流。根据相关调查显示，我国变压器的安置多暴露于室外，分散于城乡接合部、农村、街道等地，给变压器的安全管理带来极大阻碍；电力部门难以对暴露的、分散的变压器进行实时监控与保护，变压器损坏、被盗等情况常有发生；部分省市采用有限距离无线通讯、物理防盗卡、红外线监控等方式进行变压器防盗存在干扰多、报警信号误差、人力、财力和物力成本大等弊端；无限通讯方式的无线发射耗能大，应用许可程序较复杂，不利于系统和产品的应用与推广。我国变压器和电力线被盗事频频爆出，引起了国家相关部门的极大重视，现代电力工统安全防盗智能化需求极为迫切。现代电力工统安全防盗智能化的主要目的是对变压器和电力线进行智能化防盗报警，其主要特点为：不受气候干扰、不受数量限制、不受距离限制、可设置唯一接警中心。现代电力工统智能化安全防盗通过接警中心软件的微机安装对故障线路和报警变压器的具体位置进行电子图反馈并对接警时间进行实时纪录。将系统与打印机进行连接后可将报警日期、报警时间、资料数据等信息进行分机号打印备查，有效提高了防盗作用和成本。现代电力工统智能化安全防盗具有质量优良、功能实用、工作稳定、应用环境广、应用领域宽等特点，目前已广泛应用于矿山、石油、电力等领域，在我国同类安全防范系统中极具优势。

二、电力防盗报警系统

电力报警系统的组成。该系统的组成主要是由一台微型计算机、数个监控站报警主机、以及一台ＧＳＭ无线防盗报警器接收机主机组成。在监控的电力线的电杆上或者变压器旁进行安装数台监测报警主机，这样，一旦出现电力线、变压器被盗，或者三相断线、停电等情况，监测报警主机便可立即探知，同时通过无线语言及ＧＳＭ短信息方式接受到主机的报警信息，进而往微机处传送数据。随后，微机通过接警软件的分析后，判断可能是报警主机发现线路出现故障后声音报警，在屏幕上将报警日期、分机号、故障变压器、可能出现的故障线路等完全显示，同时，还通过电子地图的方式，将报警变压器、故障线路的实际地点显示，最后，为避免以后出现相同情况，将报警数据在数据库中保存，以备查询。另外，值班领导还应在得知消息时及时派遣警力检验现场情况及处理。

电力报警系统的功能及特点。电力报警系统与传统的变压器的防盗无线报警系统相比，具有一定的优异性，具有如下。(1) 可比性。电力报警系统的覆盖区域极广，目前，在全国的移动通信网中的覆盖率高达95%以上，而在一些非边远地区，其覆盖率几乎达

至 100%。而且，还具有极高的网络可靠性，以及极好的稳定性，不仅能够频段专用，不受到人为干扰，并且还具有较强的抗自然干扰能力，因此，不管通信距离的远近，其中心站在任何场合都可以建设。此外，该系统还不用交无线电管理费用，不需与任何无线电管理部门进行交涉，简单方便。现代电力工统在费用方面，能够将一台变压器 1 年的费用算出，每条短信的收费为 0.1 元，一年使用的短信费约 50 元。而以往所使用的无线电波，不仅容易受到季节变化的影响，导致其系统稳定性较差，而且在成本上的投入上过高、风险大，现今，其使用率已经大大减少。(2) 可维护性。该系统本身就具有自诊断功能，测控中心监控计算机在远程终端出现故障时可以自动诊断，并且，对整个系统的运行不会造成任何影响。(3) 实时性与安全性方面，系统具有自检功能，能够检测是否在正常运转、以及变压器三相断报警功能。能够传输其他报警信号，系统若出现任何异常时可以及时报警，并且将时间、地点、类型等具体通知给测控中心。

另外，该系统还具有八个有线防区，在各个防区均可使用中文报警信息，且用户也可自行对报警信息内容进行更改，能够自选常开、常闭节点报警模式。并且，既可使用普通手机人工接警，也可让接警中心的电脑自动接警。在电子图上，还显示有强大的联网报警功能。此外，该系统还具有开机报告、远程巡检功能、三相检测、等功能。

三、门禁系统

门禁系统主要是对出门按钮、读卡器、电动门控制以及电控锁等几大模块来组合而成，门禁系统能够自动记录变电站内工作人员的进出情况，可对无权利进出变电站人员以及闲杂人员进入站内。门禁系统会将各个单元内的故障信息以及控制信息传送至系统的主服务器内。随后，再通过平台软件的分析来对权限管理、数据管理、系统用户以及相应操作进行处理。管理人员可通过计算机来对所属变电站的进出口进行相应的控制。

四、火灾自动报警系统

火灾主动警报系统主要是用于探测火灾事故，并在发现火灾事故后立即报警的系统，该系统主要是由火灾报警主机、感烟感温探测器、网络传输模块以及手动报警器等组合而成。火灾自动报警系统能够对变电站内进行严密监控，以保证电力设备的安全。一般情况下，火灾自动报警系统主机会被放置于变电站内控制室，以便对电缆夹层、变压器以及开关室等进行监控和操作。一旦出现火灾，报警信号会通过自动化系统将接收到的信息发送至监控平台。在将信息传送至监控平台时，故障信号以及火灾警报信号均会被传送至安防系统。

五、联动控制

联动控制就是安装室内入侵防盗装置、辅助照明装置、入侵报警装置、火灾自动报警系统、站端视频监控系统以及门禁系统等。

室内入侵防盗装置相关要求与联动对象：脉冲电子围栏在检测到破坏以及入侵行为之后，可立即联动声光警报器，随后，再通过防盗报警系统联动照明装置以及站端视频监控系统。在红外射探测器检测到入侵之后，会立即联动声光报警、灯光装置以及视频监控。室内入侵报警系统联动对象以及相应要求：室内入侵报警系统在检测到入侵之后，会立即联动声光报警器、灯光装置以及视频监控。火灾自动报警系统联动对象以及相应要求：在接收到火灾信号时，会立刻联动门禁系统，在确认火灾情况之后，打开门禁。门禁系统联动对象以及相应要求:门禁系统在接收到刷卡信息之后，会立即联动室内入侵报警装置（布防与撤防）。站端安防视频监控装置在接收到相应的指令之后，会对摄像机进行相应的控制。灯光照明装置在接收到指令之后会对制定区域进行照明。

六、电力安防系统技术

电力安防系统所涉及的技术范围较广，包括 3G 网络传输技术、高清监控技术以及智能行为分析技术等。近年来，3G 技术得到了飞速的发展，被广泛应用于各行业中，包括电力行业。由于很多电力基站以及铁塔、变电站都建立在较为偏远的地区，网络环境缺乏。如果采用重新布网的方式，会大大提高联网费用，而 3G 网络传输技术在电力基站、铁塔中的应用，能够较好地解决网络需求问题，并且费用较为低廉，有利于电力安防系统的发展。高清技术是电力安防系统中必不可少的技术，高清技术在电力安防系统中的应用不仅促进了电力行业的发展，对于高清监控技术自身的发展，也起到了很大的推动作用，两者的无缝整合与对接使得电力企业安防系统技术得以快速、稳定地发展。智能分析技术是一项较为先进的技术，能够对于电力基站、铁塔以及变电站中的情况进行智能检测，例如，烟火检测、物品搬移检测、非法停留检测等，当出现异常时，系统会发出警报，从而实现智能化监控，使无人值守模式得以实现。三项技术的结合使用，大大提高了电力基站、铁塔以及变电站的安防工作效率。

七、电力安防系统发展方向

电力安防主要是指集报警系统、环境检测系统、监视系统、消防系统以及防盗系统于一身的综合监控，以提升电力设备、工作人员的工作便利性以及安全性。为提升变电站的防盗、安全生产以及火灾监控等方面的管理力度，目前大部分电力企业已经开始或者正在开率使用智能安防技术，以促进现代电力工统的信息化发展。就目前而言，采用 IP 数字视频方法，能够直接对变电站内的所有数据资料、图像、环境参数以及监控等进行实时报道，能够让工作人员直接了解和掌握相应的信息，并且能够对出现的紧急状况做出有针对性的处理，以保证现代电力工统的正常运行。电力行业的智能安防技术以及相关功能会随着时代的发展和进步而不断发生变化，而高清化、智能化、数字化以及集成化会是其发展的主要方向，从而能够提升电力行业的智能安防技术水平。

综上所述，以往电力行业中使用的传统管理方式已经不能够满足电力行业发展以及人们的需求，因此，在对现代电力工统进行管理时应该合理使用智能管理，以提升其管理的水平。此外，在对现代电力工统进行智能管理的同时，需要合理应用智能安防技术，以保证电力设备的安全运行、稳定运行，保证人们生活、生产的正常进行。

第五节　开关电源在现代电力工统的应用

随着科技的快速发展，现代电力工统中的电源设置改变了传统的相控型直流电源的模式，开始采取开关电源。开关电源使现代电力工统应用方便化，而且能够使现代电力工统的各项板块的指标达到最优，促进现代电力工统更好地运作，从而提高整个现代电力工统的工作效率。本节将会简单介绍开关电源的概述、现代电力工统直流操作电源、电力用直流开关电源的组成和特点以及电力用直流开关电源的发展方向。

科技逐渐融入了我国的各个领域，就开关电源在现代电力工统中的应用而言，其科技的应用使现代电力工统的各个板块得到了充分的优化。在现代电力工统中使用开关电源是一种具有先进性的做法，现代电力工统的变革适应了科技时代的发展潮流，电源在现代电力工统中扮演着非常重要的角色，充足的电源可以支撑现代电力工统的整个运作过程，开关电源可以避免能量的浪费，进而使现代电力工统在节约和高效的情况下完成。

一、开关电源概述

开关电源的工作原理是在现代电力工统中使用较大功率的半导体器件，从而使电路在现代电力工统运作的时候可以处于"开关状态"，从而进行规律性的控制，使其能够自己根据实际情况自行处理电能。电源，被称为"开关电源"。这种大功率的高频整流电源模式，可以在一定程度上促进不同大小直流电压的灵活转换，从而抑制了烦琐的工频变压器的运作，这样还能够从一定程度上使电源装置在装置体积和重量上都有所简化，进而使现代电力工统充分发挥电性能。

二、现代电力工统直流操作电源

直流操作电源系统对于发电厂、变电站来说，有着非常重要的作用，一般情况下由整流电源、蓄电池和馈电部分三个模块构成，并且在整流电源进行 AC-DC 的变换并对蓄电池组充电的时候，整个运作过程需要馈电部分为直流负荷提供一定的电能。这样的设置可以确保在文流停电时，直流负荷仍然能够使用通过蓄电池的馈电部分所提供的电，这样能够确保直流负荷的正常运作。虽然直流操作电源在二次设备中所占的比例较小，但是它的地位不可替代，其是否可靠，在发电厂和变电站中非常重要，一旦可靠性无法确保，就会引发一系列的安全问题，从而造成损失。

　　我国传统的直流电源系统大多是相控式充电装置，并且与之相匹配的是配套防酸隔爆蓄电池组或锅镍碱性蓄电池组，这种电源装置方式不能够缺少对蓄电池组和直流电源的日常维护环节。然而，开关电源在使用的时候相比之前以相控式充电装置为主的直流电源系统更加有优势，直流开关电源更加便捷化。并联连接方式是直流开关电源在模块连接的主要方式，其技术要求相对较高，可以在一定情况下确保电压的稳定性、高精度的稳流以及较低系数的波纹，从而促进现代电力工统的高效运作。

三、电力用直流开关电源的组成和特点

　　电力用直流开关电源的基本原理。电力用直流开关电源的基本原理和传统电源模式的基本原理大致相同，首先通过波流器进行交流输入，然后对输入的交流进行一次整流，随着功率因数的变化再改善电路的运行，然后进行 DC-DC 变换，变换后进行二次整流最后进行直流输出。在二次整流完后可以进行取样电路，然后以此为依据进行比较，同时参考通断时间比例然后选择出最佳的控制电路，随后再次进行 DC-DC 变换，最后进行二次整流以及直流输出，这是一个循环的过程。这种电路模式自身具有一定的保护程序，不仅有附加电路的保护还有主回路的控制，这样的方式可以使性能得到充分的保护，而且在电源改变以往的旧模式后，其直流电源的输出可达到 220V 或 110V，相比之前传统的电源模式电压等级和输出功率都提高了一个等级，因此，在电力用直流开关电源的时候会使用高电压大电流的元器件。

　　电力用直流开关电源的运行方式。电力用直流开关电源工作的时候会根据负荷大小的实际情况，并联数个电源模块形成模块的方式，从而进行设备的充电工作。现代电力工统在使用传统的直流相控电源的时候，通常会在中、低压站中使用 1 组蓄电池配 2 组充电装置，主备方式的充电装置可以在设置出现问题的时候进行灵活的切换，这是传统直流相控电源的优点之一，但是它也有一些缺点，比如可靠性没有达到理想程度。采取开关电源后为了调成设备的可靠性对组成方式进行了一定的调整，以负荷和蓄电池容量为实际依据调整蓄电池设置的组成，并且在一定情况下重新调整了充电装置、自动调压装置。自动调压装置设置在合闸母线和控制母线之间，母线的设置情况包括三种，分别为单母线方式、单组模块方式电源模块与动力母线并联、双组模块方式。这几种方式可以帮助设备在不同的情况下找到最优的设置方案，从而提高现代电力工统的运行效率和质量。

　　电力用直流开关电源的重要技术指标。均流不平衡度是电力用直流开关电源的重要技术指标之一，因为开关电源模式中电力多用并联的方式，从而促进均流电路在模块中功率的均匀分配，在电源模块中如果其负载均分不平衡度不大于 5%，那么该设备技术指标良好。交流输入范围也是衡量重要技术指标的一种方式，如果交流电压波动范围符合我国规定指标，那么该设备技术良好，但是我国地区发展不平衡所以在一般情况下交流电压波动

范围较大，特别是西北地区，在这种情况下应该在开关电源模块方面适当扩大交流波动范围。同时，开关电源在现代电力工统的应用中还要考虑功率因数和稳压、稳流精度和纹波系数，要综合多种因素不断完善设备。

电力用直流开关电源的散热方式。开关电源由电阻、电容、电力电子器件等组成，有利也有弊，它的优点可以从上文中发现，但是与此伴随的缺点也非常明显，那就是散热问题。如果，不能够很好地解决此问题，那么功率会有很大的消耗，不能够使设备有效工作，传统的散热模式多采用自冷方式，这种方式在电压等级较低的时候还比较受用。然而，当电压等级升高而且直流系统容量变大的时候，这种方式就会失效，所以这种方式在技术发展的过程中逐渐被温控风冷大功率电源模块所替代，这种模块体积小可以充分解决散热问题，处于轻载的时候该设备会处于自冷状态，当热度超过自冷所控制的范围后，会启动风机进行散热，从而有效解决散热问题和机器寿命问题。

四、电力用直流开关电源的发展方向

软开关技术。为了使开关电源的结构更加简便化，应该使用软开关技术帮助开关电源实现轻、小、薄的目标。目前，我国国内已经有一些公司进行了软开关技术的研发，且研究成果也取得了一定的成效，但还没有被广泛应用，未来应该加大研发和创新的力度，在研发过程中可以借鉴国外的经验和技术，并与实际情况相结合，从而使软开关技术不断地完善。

热插拔一体化。开关电源在工作的时候，电力一般会在直流电源屏内，其中的安全问题还有待优化。在国外已经有热播拔一体化使用的例子，并且使用效果较好，可以适当借鉴，使屏内走线更加安全，促进开关电源先进化。

电源模块智能化。电源模块的智能化发展逐渐成为一种趋势，在直流系统中匹配监控系统，可以通过监控系统加剧直流系统的智能化，并且蓄电池组也能够在一定能够程度上得到维护。在不同等级的电压站采取与其相匹配的监控系统，有利于促进数据交换和命令传递的运作效率。

本节简单介绍了开关电源在现代电力工统中的应用，其相关问题的叙述可以帮助人们更加深刻了解开关电源，同时开关电源需要及时进行优化和调整，从而促进其功能的不断完善。

第六节 人工智能 AI 技术在现代电力工统的应用

人工智能 AI 技术是近年来的热门技术，主要研究让计算机具备人的思维模式和行为模式，是计算机智能化发展的结果。将人工智能 AI 技术应用在电网规划、电力控制系统、电力故障诊断过程，可以提高电网规划设计的科学性，提升现代电力工统运行效率，确保现代电力工统运行安全性和稳定性。文章主要简单概述了人工智能 AI 技术的特点，并对人工智能 AI 技术在现代电力工统的具体应用进行了探讨。

根据 2016 年《能源发展"十三五"规划》要求，我国将积极推动互联网 + 智慧能源的发展，推动我国能源生产和消费模式的转变，将能源智能化发展提高到国家战略层面，为我国能源技术的发展指明了方向。现代电力工统作为能源系统的关键环节，广泛应用在社会各个领域，现代电力工统的智能化发展水平直接决定了能源系统的智能化水平。随着世界性能源危机爆发，世界各国大力发展清洁、可再生能源。分布式电源、电动汽车、分布式储能元件等大量接入到电网，现代电力工统呈现非线性、复杂性、不定性以及耦合性等特点，传统的控制技术、建模方式已经不适应现代电力工统发展要求。将人工智能 AI 技术应用在现代电力工统中，可以解决现代电力工统非线性复杂特点，满足电力规划、电力故障分析和现代电力工统继电保护方面的要求。

一、人工智能技术

人工智能是计算机科学的一门分支，主要研究、开发用于模拟、延伸和扩展人的智能理论、方法、技术以及应用系统的一门新的技术科学，被誉为二十一世纪的三大尖端科学技术之一。近三十年快速发展，并在多个科学领域得到广泛应用，成为一个独立的分支。人工智能是让计算机具备人的思维和智能行为的学科，主要包括计算机实现智能的原理、制造类似人脑智能的计算机，让计算机实现更高级的应用。人工智能涉及计算机、哲学、心理学、语言学、行为学等多种学科，几乎囊括了所有自然学科和社会科学，远远超过了计算机科学的范畴。目前，人工智能已经成为各个国家研究的重点内容，为了促进人工智能健康发展，2017 年国务院印发《新一代人工智能发展规划》，将人工智能上升为国家战略规划。2011 年美国苹果公司推出了收集语音助手 siri，2016 年美国谷歌公司研发的人工智能机器人 AlphaGo 打败了世界围棋冠军李世石，人工智能技术一时引起社会轰动，并在人脸识别、车牌识别、指纹识别等领域广泛应用。

二、人工智能 AI 技术在现代电力工统的应用

人工智能 AI 技术应用在电网规划。伴随着社会经济的发展，一方面，人们对电力需求越来越大，原有的电网负荷和电能已经无法满足居民生产生活需求，导致电网超负荷运行。另外一方面，经济不发达区域对电能需求不大，电网长期处于空载运行，造成严重的浪费现象。造成这种现象的主要原因，是我国电网规划不合理，电网规划设计时，没有考虑到电网覆盖范围的经济发展水平，导致电能供需不平衡。将人工智能 AI 技术应用在电网规划设计中，可以对电能负荷做出科学的预测和电源规划，确保电网负荷满足经济发展需求。由于分布式电源的接入、光伏发电、随机入网的电动汽车，给电网规划和预测增加

了一定的难度。基于人工智能的遗传算法，模拟达尔文生物进化论中自然选择和遗传生物进化过程的计算模型，是一种模拟自然进化选择最优的方式。遗传算法是一种随机搜检方法，它从一群初始点开始搜索，根据多条路径或者种群选择最优的路径，避免了单点搜索造成的单峰极值。遗传算法具有广泛的适应性，对求解问题几乎没有任何限制，也不需要进行复杂的数学计算，就可以获得最优的解集。将其应用在电网规划中，可以根据现代电力工统供电范围，综合区域范围内的经济、工业、商业以及城市未来发展规划进行综合分析，并利用大数据、云计算技术，得出一个比较准确的结果。遗传算法的步骤为确定函数目标-编码确定各个控制参数数值-选择、交叉、变异-终点或者继续计算搜索群体适应度。人工智能在计算过程中，还结合大数据、云计算、深度学习等技术对复杂的现代电力工统进行分析，进而获得节点比较多的模型，综合分布式电源、新能源汽车的增长数量，根据该区域居民对新能源汽车的需求量，利用深度学习方法对居民所需电动汽车容量。以周围充电站的交通流量、区域经济发展、电网运行环境等为基础，建立电网规划圈和充电需求之间网络映射模型，可以对电网的容量做出比较精准的预测。

人工智能 AI 技术应用在现代电力工统故障诊断。由于电网运行环境十分复杂，现代电力工统在运行过程中，受到自然因素、人为因素以及外力作用，现代电力工统运行过程中容易出现电力故障。如果无法及时排除现代电力工统故障，可能造成故障范围进一步扩大，导致大面积停电故障。传统的现代电力工统故障，需要人工进行一一排查，一定程度上增加了技术人员工作量，由于每一个技术人员的综合素质有一定的差异，故障排除的时间和故障处理方式与技术人员的工作经验和业务能力息息相关。如果技术人员缺乏一定的工作经验，无法快速排除故障，增加现代电力工统运行风险。将 AI 技术应用在现代电力工统故障排除工作中，利用人工智能的专家系统，专家系统含有某一个领域专家的专业知识和经验，并利用专家的知识和经验，对现代电力工统故障进行推理和判断，模拟人类专家决策过程，快速找到电力故障出现的位置和原因。专家系统是具有针对性的故障诊断知识库，根据专家系统接收到的电力故障警报信息，结合电力故障知识库的内容得到相应的分析结果，并做出正确的诊断结果，从而形成了发现问题-诊断问题-解决问题这样一套相对完善的方案。

人工智能 AI 技术在电力控制系统中的应用。随着科学技术的进步，大量先进的设备和技术广泛应用在现代电力工统中，在提高现代电力工统运行效率的同时，也使现代电力工统结构越来越复杂，现代电力工统呈现非线性、复杂性、多变量、多约束等特点，对这一定程度上增加了现代电力工统控制难度。如果电力控制系统无法根据电网运行的实际情况，进行合理控制，可能增加电网运行故障。将人工智能 AI 技术应用在电力控制系统中，人工智能技术可以建立复杂的神经网络系统、模糊控制模型，综合分析影响到电力控制系统的各个因素，从而采取定量或者定性分析方法，优化电力控制系统参数。基于人工智能电力控制系统，可以根据现代电力工统电压负荷变化，确保整个现代电力工统机组容量的稳定性。如果现代电力工统在运行过程中，电网负荷出现了较大波动或者异常现象，电网电压或者电容超过电力控制系统设置的阈值，那么控制系统自动发出警报信息，则人工智能控制系统自动切断异常电线路，并及时向电力调度中心发出警报信息。

随着人工智能 AI 技术的发展，人工智能技术广泛应用在社会各个领域。将人工智能技术应用在现代电力工统中，可以利用人工智能技术模拟人的思维行为能力，优化现代电力工统结构，实时对现代电力工统进行监测，一旦现代电力工统出现故障，可以快速找到故障原因并作出处理，提高现代电力工统运行的效率。

第七节　互联网技术在低压配网现代电力工统的应用

社会经济的飞速发展，为电力行业的发展提供了动力。在现代电力工统中，低压配网作为一项重要的组成部分，其运行质量的高低直接影响现代电力工统的发展。为了提升低压配网现代电力工统的发展效果，需在低压配网现代电力工统中应用互联网技术，与强电信息采集、计算机控制系统及计算机网络技术建立合作联系，带动现代电力工统的飞速发展。

我国的能源消耗量较高，为了提升节能降耗效果，应加强电能管理，对电能进行有效的监测，加强智能化低压配电网络建设成为现阶段一项重要课题。电力负荷量的不断提升，对现代电力工统应用的可靠性及供电的质量提出了较高的要求。现代电力工统本身具有维护费用高、可靠性、连续性、易操作及能源合理使用等优势，带动智能化低压配电网络的快速发展。

一、低压配网现代电力工统概述

低压配电网现代电力工统网络构成。传统的低压配网现代电力工统在实际的应用过程中，以人工操作为主要形式，能够完成对配电的监视、保护及控制。该种控制方法在实际的应用过程中出现的误操作、延时性等缺点，无法及时对故障进行准确及有效地处理，并且对低压配网现代电力工统现场的要求也存在一定的局限性。由继电器、接触器和断路器元件共同来构成基础元件，在对功率因数、无功功率、有功功率及电流等参数进行控制，并进行实时监测，能够直观的了解到电气设备的总体运行状态，为故障点提供可靠的信息支持，对电器动作加以控制，主要是运用智能模块对参数进行设定及调整，并且在实际的应用过程中，也展现出了遥信、遥测、遥调及遥控功能。低压配电智能网络图。

低压配电网现代电力工统工作原理。低压配电网现代电力工统中，要做好智能装置的设计工作，其在应用过程中，能够有效采集低压开关模拟量及开关量，运用网络方法来对数据信息的有效分析及传递，对数据信息进行有效的预判，以此来达到控制命令的目的。控制命令在实际的使用期间，执行工作的实施及开展主要是使用监控智能装置及现场智能装置来完成，监控主机在实际的应用过程中，实现了对模拟量的有效控制，将曲线分析、系统管理及生成报表功能展现出来。

二、低压配电网现代电力工统的建立

环控负荷回路建设，建立应从 400 V 主进线断路器开始，中间包括三级负荷总开关，一直到环控负荷，存在四级的断路器，对切环控负荷提出了较高的要求。由于低压配电网现代电力工统中存在较多的电机设备，对电机的选择提出了较高的要求。在实际的应用过程中，断路器包括施耐德 NAX 断路器和 MT 断路器。在对 400 V 进线时，在实际中，应采用下级负荷母线 NSX MCCB 和 MT ACB 的形式，用时间选择性来促进配合使用效果的提升。环控负荷间的 NSX 断路器及三级母线断路器在实际的应用过程中，将上下级断路器壳架中的电流级差控制在大于 2.5 倍，完全选择性功能的应用，主要是使用 NSX 专利技术的大电流能量脱扣和 NSX 配备的全新一代 Micrologic 控制单元来展现。为了能够快速判断上下断路器的电流选择性，应合理使用脱扣曲线及完全选择性表工具。

例如，在现有低压电力网架系统建立中，现代电力工统网架内的通信系统较为分散，主要为计量设备数据的上传下达，对于线路载波技术的运用基本没发挥上。在低压配网系统中在未来的实际使用过程中，应充分将遥控、遥信、遥测功能发挥出来，母联，400V 进线，开关为三级负荷。遥信、遥测功能，环控一二级。NSX 及 MT 断路器在实际的使用过程中，通信附件在实际的使用过程中，应用模块化设计法，在应用期间，展现出了不同的使用功能，与配网的应用要求相符合。NSX 断路器的测量功能包括电量、功率、电压及电流等，在实际的应用期间，完成了对系统负荷、电能参数等各项数据的有效记录。NSX 还具备报警及故障事件记录功能，为了确保维护人员能够及时发展故障隐患，应迅速检查故障的原因，并为故障的处理提供有力的支持，另外，对于计量点最后一公里定位可实现系统地图应用定位，实现设备操作开关能记录在案，表箱及表计信息系统定位可控。

三、互联网技术在低压配网现代电力工统中的应用

在低压配网现代电力工统中应用互联网技术，有助于确保低压配网现代电力工统的安全运行，使各项操作更为便利，能够直观展现出低压配网现代电力工统中的通信功能，以提升信息采集功能，为低压配网系统的高效运行提供便利。此外，应做好数据的测试、存储及监督工作，以强化系统的使用功能，优化数据，实现对低压配电系统的高效控制。现针对互联网技术在低压配网现代电力工统中的应用，并提出合理化的应对措施。

发挥低压配网现代电力工统中工控机及电力测控装置的作用，提升互联网技术在低压配网现代电力工统中的应用效果。对通信信息进行高效的处理和分析，对系统中的相关数据信息进行有效的整理和收集，确保能够将工控机的作用充分展现出来。另外，为了提升低压配电系统的运行效果及质量，应加大对一些高耗能的状态进行有效的监督及控制。

建立完善的通信网络架构。将互联网技术应用于蒂塔配网现代电力工统中，对通信网络进行合理构建，将分层树形网架结构应用于抽屉式开关柜中，将其作用充分地展现出来。此外，在网络架构设计中，将总线集成器作用展现出来，与现场总线相结合，为数据之间能够有效进行交换提供保障，改良了网络拓扑结构，使系统结构更具稳定性，促进通信质量大大的提升。

四、互联网技术在低压配网现代电力工统中应用的保障措施

为了能够完成对配电系统的有效监控，提升配电系统的预警及控制能力具有必要性，有助于降低低压配网现代电力工统的应用故障，优化自动化系统配置，保障措施包括以下几种。

合理选择材料。为了能够将低压配电自动化控制系统的功能充分展现出来，应采用合理有效的对策。重视材料选择的合理性，确保能够将材料自身的良好性能充分地展现出来，降低设备在应用过程中的损耗量，展现出设备的节能性。

完善操作系统建设。操作系统建设作为抵押配网现代电力工统中的一项重要工作内容，对提升现代电力工统的高效运行具有重要作用。为了提高操作系统建设效果及质量，应严格遵循快捷性及简单性原则，该种操作过程在实际的应用过程中操作较为简单，能够高效解决低压配网系统中存在的问题。

合理规划电网。在对电网进行规划时，规范应做到科学合理，以促进低压配电系统的发展，将系统的应用效率提至最高，降低低压粉质线路的实际应用数量，降低线路的损耗量，保证电能供应的顺利性，在迂回供电及电远送处理中具有重要作用。

低压配电自动化系统维护和改造。通过对低压配电自动化系统进行节能改造，有助于提升企业各项生产工作的持续性及连续性，使低压配电自动化控制系统处于高效运行状态中。但是由于运行时间的不间断，导致其热量大大增加，能耗损耗量不断提升。要求工作人员需要对冷却系统及变压器系统不断进行调整，以降低在运行过程中的热量，避免能耗增高现象的产生。另外，还需对低压配电自动化系统的运行情况进行有效的维护及监督，避免故障的产生，减少经济损失。

互联网技术在低压配网现代电力工统中应用是必然发展趋势，完成了对低压配电系统中全参数的有效测量，在高性能通信技术应用中发挥了重要作用。因此，应做好产品选择，并应用新的技术，对低压配电网中的电能进行全面管理，以便能够达到低压配电系统的节能降耗目的，使现代电力工统更为安全可靠。

第四章　现代电力工程管理

第一节　现代电力工程管理的强化与改进

现代电力工程管理水平不适应经济发展的快速全面发展，已成了电力工业进一步发展的严重制约因素。加之各种约束的存在，在电力项目的管理中不可避免地存在问题。对于出现的这些问题，我们对与实际工作相关的一些非常普遍的问题进行了分析和总结，并明确提出了一些建议，以不断完善和加强电力项目的日常管理。

一、现代电力工程管理中存在的问题

缺少健全的监管机制。分析中国电力公司的现状，可以看到，在发展过程中，大多数电力公司受国民经济主导，基本上属于国有企业。因此，就国有企业而言，监督与运行机制需要对各个领域采取监督、指导和管理，而难以关注更多细节。故，在电力项目管理模型中，没有完善的监督机制。

管理流程过于混乱。在现代电力工程管理过程中，每个部门都有自己的任务和职责，计划和财务部门必须计划和计算项目的各种成本，然后根据预算结果分配资金，用于控制现代电力工程成本的设备和材料采购。核心技术与物流部门完全不同。技术业务部门应当为与现代电力工程有关的项目提供全方位的支持，后勤保障职能部门应能够有效保证电力项目的平稳运行和效益。但是，在当今时代的电力企业中，不同管理部门的职责并不十分清楚，它们经常实行并行管理，导致管理过程中出现混乱。

施工安全管理有所欠缺。现代电力工程是一项复杂的工程，在建设的过程中可能会有艰巨的任务。此外，现代电力工程项目的建设工作不是很合理，严重缺乏统一协调，存在诸多影响安全的内外因素。不仅如此，现代电力工程还包含了相当多的系统模块，其中对于施工人员要求的专业知识有很高的要求，某些专用设施需要熟练的人员，而人员的低水平也会引起安全事故。

人员素质亟待提升。在现代电力工程项目管理过程中，存在管理人员和工程人员的整体水平不高，对综合成本和控制管理模式的认识较弱的问题。电力项目的大规模采购将极度不合理，严重缺乏严格性。此外，施工队伍的整体素质低下，电力项目的建设和管理中

不能采取安全有效的措施，在这种情况下，就不可能保证安全工作，影响电力项目管理的发展。在行政管理上，相对缺乏大型项目管理的经验。这种经验继承了老一辈领导者的传统工作理念，没有更新知识，不适合现代电力工程管理。因此，在实际工作中管理效果不理想。

二、不足之处的改进措施

为了适应现代电力工业的整体发展，有必要采取相应的改进措施，以解决现代电力工程项目管理模式的缺陷和工作上的思路。

建立健全监管机制并完善相关制度。电力公司必须执行规章制度，以协调现代电力工程的实际运营和建设过程，并确保整个项目的顺利进行。电力企业只有在不断重视项目管理模式的情况下，才能完善企业的规章制度，建立健全全面的监督机制，提高电力项目管理模式的运行机制和现有水平，由电力公司负责现代电力工程建设的质量和控制，确保提高对员工意识上的培养，所有项目都离不开人为因素，为了实现高质量的项目，需要极大地提高负责工作的人员的整体素质，成本管理的团队合作能够更好地完成现代电力工程部署。

明确现代电力工程管理的强化思路。为了提高现代电力工程管理方面的质量和总体水平，弄清并不断加强管理逻辑思想，完善基本管理流程，规范管理方式。为了助力改善电力项目管理，首先需要弄清改进的方向和想法，以便设定目标并事半功倍。

（1）分层次检查项目文件并保留最终文本。投标完成后，确保报告所有详细信息以及现代电力工程项目的详细信息。相关核心技术业务部门要仔细检查工程项目和建筑的设计图纸，财务部门必须详细制定和执行项目经济预算，所有相关工程施工文件应以阅读文本的形式存档和保存，以备将来参考。

（2）加强团队合作，提高整体效率。整个项目需要多个相关部门履行职责，但是，必须加强彼此之间的良好沟通与合作，以便电力项目能够顺利进行。工程项目部门负责现代电力工程建设所需的其他设备和材料，财务管理部门负责与各个技术部门一起制定最科学，最合理的材料的初步购买方式。以最低的投入成本和最大利润来执行工作。各部门之间也可以互相交流，进行监督指导，进行相关调查和查询，及时发现核心问题，达成协议，彻底解决问题，防止重大技术漏洞，继续深入研究关键细节，增加日常管理思想对电力能源项目和概念，制定并实施相应的措施，以优化和改善条件，有效地确保电力项目的安全运行。

提升管理人员整体素质。以人为本的日常管理的核心思想必须深深植根于电力公司管理的方方面面，在电力项目管理中更最重要。高素质的工程管理人员对于提高电力建设项目的整体质量至关重要。现代电力工程建筑公司需要提高员工队伍的素质，持续的学习和培训来提高专业知识、管理技能、相关的施工知识和其他相关的知识来提高项目质量，从而在整个项目开发过程中实现较高的绩效。

注重安全管理，提高管理水平。重视安全管理，确保安全生产，是提高现代电力工程控制水平的重要手段，改善现代电力工程安全管理意义重大。为保证电力建设项目的安全进展，全面落实安全及其生产体系方面的制度，要制定适合电力企业进一步发展的安全防护相关政策。与工作密切相关的人员，要按照安全防护的有关政策，高度重视保障生产安全。实施电力建设项目，确保现代电力工程结构的质量。为了避免对施工隐患的不清楚或不了解的情况，并避免在工程施工中的安全隐患和风险，有必要充分掌握技术知识，做好交底工作。例如，在电力项目的建设过程中，几个部门需要加强沟通并做好技术交底，并且施工人员要意识到危险点和对策，以提高电力项目的管理水平。

重点做好人员培训工作。归根结底，电力企业工程项目的建设必须由人工来完成，即使对于自动化程度较高的电力公司，在运行过程中所有先进设备都必须由人力因素来管理和控制。为了提高现代电力工程建设科学性能的合理性，建设部门应当对施工管理人员进行良好的培训。在项目现场管理法规中深入执行相关安全法规。管理人员和建筑工人还必须积极参与学习，充分了解电力公司的各种要求，在培训过程中，提升了整体技能水平，极大地丰富了自己的理论体系的能力和科学知识，为今后公司的快速发展提供良好的技术基础。

努力实现电力行业的长期可持续发展，有必要采取相应措施，以解决当前现代电力工程管理中的不足，并对现代电力工程项目进行全面的认识，从根本上说，对现代电力工程项目的规划和建设以及管理的重视程度要有所提高。在现代电力工程项目的日常管理中，整个项目的全面顺利实施需要主要职能部门的协调统一，在现代电力工程建设过程中，有必要充分发挥日常管理作用，在工程管理模式中积极发现问题和缺陷，并采取有针对性的措施，并及时改进和处理。

第二节　现代电力工程质量管理研究

随着社会的发展，人们越来越重视现代电力工程的质量，然而现代电力工程项目中尚存在较多的问题，需要我们采取相应的质量管理措施来对项目进行管理。只有当电力企业在实际工作中总结好经验教训、健全质量管理制度、落实好各项工作，针对现代电力工程的实际情况制定相应的质量管理方案，才能增强现代电力工程的质量管理工作。

现代社会的生产和生活都建立在稳定的电力供应的基础上，从工业生产到日常生活，电力的供应都必不可少，而一旦电力供应中断，在给居民的生活造成极大不便的同时。还会导致生产的停滞，造成严重的经济损失。

一、工程质量项目管理的特征

工程质量项目管理主要是采取切实有效的管理手段，来对项目的开展进行合理的规划与管理，确保项目管理能够达到既定目标。这一既定目标会出现一定程度的变化，导致目标变化的主要因素有时间因素、地点因素以及环境条件因素等。在工程建设过程中，如果既定目标发生变化，那么项目管理就很难达到既定目标，很可能会导致工程成本上升、质量下降、进度缓慢等问题的发生，因此，动态管理与监控对于现代电力工程项目来说是至关重要的。

二、现代电力工程质量管理及控制内容

现代电力工程本身的复杂性比较高，且涉及的范围比较广，需要分为多个阶段来完成建设，而每一个阶段的质量，都直接关系着现代电力工程整体建设质量，所以，只有加强对各个阶段质量的控制，才能为高质量、高效率开展奠定良好的基础，才能有效防止质量问题的发生。现代电力工程建设中的主要阶段有：现代电力工程可行性研究阶段、现代电力工程设计阶段、现代电力工程施工阶段以及现代电力工程验收阶段。在现代电力工程可行性研究阶段中，必须要对工程的可行性进行深度的研究，并选择优质的工程建设方案。在现代电力工程设计阶段中，为了保证设计的合理性及可行性，设计人员必须要加强与其他技术人员的沟通，并对工程进行全方位的考虑，确保每一个细节都能够得到合理的设计。在现代电力工程施工阶段中，务必要制定完善的施工管理制度，并对施工管理人员进行合理的安排，保证施工的顺利、高效开展，并防止施工质量问题的发生。验收阶段作为现代电力工程建设中的最后一个阶段，它的质量控制也是非常重要的，必须要对工程质量进行严格的检查，确保工程能够正常投入使用。

三、影响现代电力工程质量管理的因素

人为因素。在社会生产的经营中，人是主体，也是许多工程建设中的决策者、管理者和执行者，电气工程的建设过程中需要人的参与，例如工程的规划设计、勘察建设、施工操作等都是以人为主体。施工人员的综合素质、专业能力、职业道德及个人意识等方面都会对工程的规划设计、勘察检查、施工操作和建设质量产生一定的影响，而工作人员在工作中的合理性和规范性也会对工程的质量产生一定影响。

机械设备。机械设备主要是指工程施工中使用到的各类机械设备，其中包括大型运输设备、测量仪器、操作工具、施工安全设施和调试仪器等，也常被称为机具设备，是工程施工中不可或缺的物件。机械设备对电气工程的质量有着一定的影响，设备的质量、运行情况、使用性能、操作掌握的难易性以及其与工程施工的吻合性，都会对现代电力工程的整体质量造成影响。

施工材料。电气工程中的施工材料主要包括原材料、成品、半成品以及构配件等。现代电力工程中施工材料的种类繁多，数量较大，一旦施工材料出现问题，就会对整个现代电力工程造成严重的影响。如果在工程施工中，所使用的施工材料不达标，不能充分发挥出其作用，就会影响到工程的施工质量。因此，提高工程施工材料的质量，能够进一步保证工程的质量。

施工方案和工艺。工程中采用的施工方案和操作工艺也会对工程的质量产生一定的影响，其中主要包括整个项目中所采取的施工方案、操作流程、工艺组织等。其次，还包括对工程质量开展数据统计、计量以及测量误差的措施。工程的建设离不开施工方案和施工工艺，项目施工方案和施工工艺的合理性会影响到工程建设的进度和质量，并且还会对电力企业的经济效益产生一定的影响。如果由于施工工艺的问题阻碍了施工进度，就会影响施工质量，加大了成本的投入。

四、现代电力工程项目质量管理现状

行业重视程度不足。意识与行动是决定项目管理效果的一个重要因素，人作为活动的主体所在，如果没有较强的项目管理意识，那么项目质量管理效果也必然达不到预期。现如今，很多现代电力工程项目在实际管理过程中，施工单位管理人员都没有充分意识到项目质量管理的重要性，只注重经济效益的提升，质量管理意识非常缺乏，在工程建设过程中，易导致质量问题的发生，给现代电力工程的安全、高效运行带来极大的影响。

缺乏制度保障与约束。现如今，虽然我国建设部已经针对现代电力工程建设制定了相应的法律法规，并出台了相关政策措施，然而内部控制机制与监督机制仍然不够完善，很多施工单位在开展现代电力工程建设的时候，都没有严格遵循相关法律法规与政策措施，法律法规的约束力不足，实际应用效果非常有限，现代电力工程质量问题仍然是频繁发生。

信息协调问题。现代电力工程项目涉及的部门单位是比较多的，其中主要包括有投资建设单位、设计单位、施工单位以及监理单位，这些部门单位的信息协调也直接关系着现代电力工程项目质量管理工作的顺利开展。为了防止现代电力工程质量问题的发生，各部门与单位之间必须要加强信息协调，合理划分工作责任。不过就目前来看，很多参建单位在开展现代电力工程建设的时候，都没有充分意识到信息协调的重要性，导致大量工程质量问题的出现。

五、现代电力工程质量管理措施

决策、设计和施工阶段的质量控制。在现代电力工程项目中，决策阶段、设计阶段以及施工阶段是至关重要的几个阶段。决策阶段的决策直接决定着工程建设质量，在决策阶段中，必须要充分考虑工程现场的实际情况以及工程建设要求等一系列因素，保证决策的合理性及可行性。在设计阶段与施工阶段中，也必须要做好质量控制工作，在图纸设计过程中，设计人员必须要对工程实际情况有一个充分的了解，并对各个设计要素进行考虑，对重点设计内容进行明确的标注。在实际施工之前，相关管理人员必须要对施工人员进行综合化的培训，使他们的施工技术水平得到有效提高，从而确保施工的顺利、高效开展，防止施工质量问题的发生。

质量管理分工明确，落实责任制。现代电力工程承建单位必须要建立起专门的质量管理部门，对现代电力工程质量进行严格的管理与控制，确保现代电力工程项目建设能够达到预期目标。同时还需要将质量管理责任落实到每一位管理人员身上，使他们的质量管理责任意识得到有效提高，从而保证现代电力工程质量管理控制效果。

现代电力工程完成后的质量控制反馈环节。现代电力工程建设完成后，需要对其进行深入的检查与反馈，检查现代电力工程中的各个环节质量是否符合相关标准要求，在检查过程中，如果发现质量问题，应及时对问题的出现原因进行分析，并采取切实有效的解决措施对问题进行解决，防止质量问题进一步加重，从而保证现代电力工程能够顺利投入使用。此外，在问题解决过程中，需要将问题根源记录下来，为下次工程项目的决策与设计提供依据，从而保障下次工程项目建设不会再出现该类问题。

注重信息协调的作用。现代电力工程建设项目本身的复杂性比较高，建设环节比较多，为了保证现代电力工程质量，必须要对各个环节进行系统化的连接，加强项目对信息协调管理。项目管理部门需要从工程启动直到竣工验收的全过程中设定专门的质量控制信息协调标准，安排相应人员对项目不同阶段的状态进行监测和记录，保障信息的有效沟通。例如，在竣工验收环节，需要检查整个项目过程是否按照设计图纸与相关文件的研究来执行，通过测量检验的模式来强化质量管理工作，尤其是对于潜在的隐患与安全问题需要采取加固修复方案，将一些缺乏规范的地方进行修改。项目管理部门必须要做好施工方、业主方以及监理方的协调工作，并对责任主体进行明确，从而使现代电力工程项目质量管理水平得到有效提高。

综上所述，现代电力工程中的质量管理对专业性的要求较高、工作内容烦琐，而现代电力工程的建设质量会影响到电力行业未来的发展。如今社会发展速度日益加快，现代电力工程的需求越来越广泛，因此，在开展现代电力工程的质量管理工作时，一定要结合其实际情况，考虑各方面的影响，创新自身的管理理念，选用科学性较强的质量管理措施，强化质量管理力度，从而推动电力行业的发展。

第三节 现代电力工程施工技术与管理

为了应对在经济全球化的背景之下我国经济发展过程中的一系列竞争与挑战，电力行业应当积极加强自身建设，及时处理在发展过程中所遇见的问题，如此才能保障电力行业能够在面对激烈市场竞争的情况之下不会居于下风。在电力行业的发展过程中，暴露出来比较突出的问题是现代电力工程的施工技术比较落后，对于现代电力工程项目的具体设计不够细致以及相关技术人员的专业素养不够高，进而使得我国电力行业的发展与其他发达国家相比处于一个比较落后的地位。为了促进我国电力行业更好地发展，文章将针对以上存在的问题进行分析，从强化电力施工工程技术和管理方面提出一些解决方案。

电力行业是一个基础性产业，与我国民众的生活息息相关。电力行业作为我国国民经济之中的一个支柱型产业，对于我国经济的发展也有着很重要的作用。解决在电力行业发展过程中所暴露出来的问题对电力行业的转型升级和国民经济的稳定发展具有十分重要的现实意义。近年来，我国电力行业所暴露出来的在现代电力工程施工技术和管理上的不足已经在一定程度上制约了我国整个电力行业的进一步发展，应当对这一部分问题进行处理，积极学习先进的技术手段，改革自身的管理机制，从而推动电力行业的进步，为国民经济的平稳发展提供一个良好的基础环境。

一、现代电力工程施工技术与管理概述

现代电力工程行业与其他工程施工行业相比所具有的一个比较明显的特点便是专业性和技术性较强，基于此，电力行业对于所有的施工工作人员所提出的基础要求便是拥有较高的专业技术能力和职业素养，从而保障能够对现代电力工程项目中的各个施工环节有一个比较清楚地掌握。技术交底是为了保障项目能够顺利开展，由行业主管人员针对电力行业的施工技术人员所进行的施工技术培训指导。在正式开展项目工程之前，通过技术交底提前向各个施工技术人员明确现代电力工程的任务、目标、员工的具体工作职责和编制以及国家对于电力行业所规定的标准，进而为电力项目工程的实施提供可靠的保障。

从整体上对工程项目进行掌握的过程中，会发现即使项目工程内部会有各种具体的区分，但是抽象来看有其所共有的特性。对于所有的工程建设来说，为了保证整个工程项目能够顺利进行，要经过的流程大致相同，现代电力工程项目作为工程项目之中的一个具体分支，其基本操作流程也大致相同。在项目具体落实的前期应当对项目之中所存在的风险做预估，在此基础之上进行项目工程的可行性分析，基于可行性分析报告得出相关的结论之后再去进行工程项目的招标投标活动，中标之后接着对项目进行总体设计，最后落实到电力项目工程的具体施工、竣工和最后验收成果。但现代电力工程项目有其自身所具有的特殊性，在具体的施工技术上有别于其他的工程项目。其中最显著的区别便体现在大型的现代电力工程机械设备的安装和使用之上。为了保障现代电力工程项目的顺利运行，必须在现代电力工程中使用相关的机械设备，同时机械设备的使用需要随着项目工程的进度同步进行调试，这一部分的工作具有一定的难度和技术要求，只能要求现代电力工程项目的相关专业技术人员去完成。从这个角度进行分析之后可以得知，现代电力工程的施工难度比普通项目的难度大。

二、现代电力工程施工技术与管理存在的问题

设计深度较低。电力行业在近年来得到了迅速发展，现代电力工程项目在原来的基础之上大幅增加，然而目前我国与现代电力工程项目相配套的设计单位极为有限，在市场中所普遍存在的现象是每一个现代电力工程的设计单位的任务量都比较重。在这种情况下，设计单位缺少足够的时间去针对现代电力工程项目进行细致的分析、深入的设计，许多设计单位甚至缺少足够的现场调查。现代电力工程的施工过程中有许多环节必须依赖于图纸的设计，图纸的设计深度直接影响着整个电力施工项目的进度，同时也导致了施工过程存在较大的风险，施工过程中员工人身安全无法得到相应的保障，工程质量也无法达到预期的工程效果。

技术交底工作实施不到位。目前在我国的现代电力工程行业所普遍存在的一个问题就是技术交底工作流于形式，并没有达到相关技术交底工作的标准，缺乏执行力度。由于施工之前缺少项目的技术交底，直接导致了电力行业的工作人员的相关操作不符合国家所规定的标准，影响了现代电力工程的最终质量。

施工人员的专业水平不够高。就目前电力施工行业的发展来说，我国的现代电力工程施工人员缺乏过硬的专业技能，无法及时解决在施工过程所碰到的问题，延缓了工程项目的进度，在施工过程中没有严格按照工程的施工标准去进行施工，严重影响了现代电力工程项目的总体质量。此外，相关项目部门的整体综合素质比较低，具体体现在现代电力工程的管理人员对于工程造价和合同方面的知识了解不够，给企业带来许多没必要的损失。比如在对外购买相关设备的过程中，许多设备是附属于主机的，在主机购买之后应该配送相关的零配件，但是由于没有在合同中确认具体的细节，就导致了需要重新进行购买，为现代电力工程企业增加了额外的经济成本，影响了项目工程的收益。

内部管理制度不完善。在公司内部的管理之中，缺乏权责分明的管理制度。在目前的现代电力工程公司的内部管理体制之中，负责各个项目工程具体工程款项支出、向用户收取工程的项目款、拨付各个供货商的材料款、向外包的施工队伍支出相关的工程款项的工作是企业内部的财务部。财务部所负责的工作内容太多，并且存在许多与业务部和工程管理部的重合业务，每一个部门的职能和工作划分不够明确，导致了内部各个部门之间的效率低下，从而直接降低了项目工程的进度。此外，各个部门在处理各自的业务过程中存在不按规章行事的问题，例如按照企业的相关规定，应当在工程竣工之后进行业务的结算工作，并且应当在通过相关部门进行审计之后再及时向各个供应商和施工队伍结算剩下未支付的工程款项。但在实际的工作过程中，未经过审计便支付货款以及拖延货款支付的情况均比较严重。

三、解决现代电力工程施工技术与管理问题的对策

完善企业的管理规章制度。相关规章制度的缺乏造成目前电力施工企业的内部管理之中存在着许多不规范的现象。为了解决这一问题，最有效的解决方案便是改变企业现有的管理制度，在电力施工企业内部引入先进的现代型企业的管理方法，通过建立起企业内部的考核制度、奖惩制度和责任追究制度从而对企业进行科学管理。通过建立这一管理规章，能够有效解决在目前电力施工中所存在的技术交底工作流于形式的问题，对于没有按规定完成现代电力工程技术交底工作的相关管理人员实行内部追责制度。通过对不同职位员工的权责进行不同层次的划分，对内部员工的行为进行规范，要求严格按照规章行事，从而提高工作效率和工程的标准。同时，内部以人为本的管理规章制度的建立也助于企业形成良好的企业文化氛围，加强团队的凝聚力。

建立完善的工程施工规范制度。现代电力工程的施工进度受客观环境的影响较大，并且涉及许多专业设备的操作问题。在现代电力工程的施工过程中需要一个比较完备的施工规范制度对施工过程中的各个细节和面对突发情况的应对措施做一个预设，为问题的解决提供一个可靠的制度保障。在建立相关规范的过程中，应当对不同部门的工作人员的具体工作职责进行规范，确定部门的负责人员，预计工程施工的周期、进度、具体人数，做好施工的安全规章制度。通过制度的完善为工程的施工提供一个可靠的制度保障。

加强企业的人才建设。现代电力工程与其他施工工程项目最大的区别之一便是工程技术的专业性较高，其中部分工作要求具备专业素养能力的技术人员去进行操作。我国电力行业目前应该进行的改革是吸纳相关具有专业能力的技术性人才，加强队伍的人才建设。通过专业人才引进制度，不仅引进了高端的技术人才，同时也为企业带来了新的技术。一方面吸引人才，另一方面重视队伍建设从而帮助队伍留住人才。在企业内部应当定期组织相关的技术人员进行交流，并且对普通员工进行相关的技术培训，从而加强企业内部的技术交流，营造内部良好的学习环境。除了向外引进专业人才，还可以通过派遣相关技术人员出国学习的方式加强内部的人才建设。由企业承担留学费用，组织相关的技术骨干去国外学习最新的科学技术。

加强施工风险控制，完善安全管理机制。对于施工工程建设行业来说，施工活动之中的安全建设尤其重要，对于电力施工工程来说，保障施工安全也同样具有十分重要的作用。加强队伍的安全建设，严格控制施工工程的风险有助于现代电力工程企业对外界树立良好的企业形象，增加企业的社会影响力。对于施工工程之中的安全建设问题，应当形成一套完整的风险防控和安全管理机制。在相关制度具体指定的过程之中，应当结合现代电力工程企业自身的实际情况去制订规则。对于风险防控具体包括风险预判、风险评估和风险处理，安全管理机制的建设又包括施工安全标准的建立、应对突发事故的应对机制和安全事故发生之后的赔偿机制这三个部分。通过具体细则的制订，保障电力施工工程的安全有效

进行。

现代电力工程行业的发展对于我国的国民经济发展具有基础性的作用。为了保障我国国民经济的平稳运行，应当针对现代电力工程行业发展过程中所存在的施工技术与管理制度进行改革。在对我国的国情和电力行业的发展现状进行分析的基础之上，引进相关的专业人才并派遣相关技术骨干到国外学习先进的施工技术，提升工程项目的工作效率，减少工程周期。同时，完善电力施工企业内部的管理机制，建立权责分明的部门管理制度，规范相关人员的行为，进而加强企业内部的建设和企业的综合竞争力，为现代电力工程行业的发展提供可靠的支撑。

第四节　现代电力工程项目管理模式创新

近年来，我国电力市场发展迅速，竞争激烈，各电力企业为了扩大市场纷纷进行改革，主要体现在内抓管理，外抓市场，从而增强企业的竞争能力。事实上现代电力工程项目的关键在于项目管理，项目管理的成效直接影响企业的信誉和效益。因此，在现代电力工程项目进行过程中，项目管理成为各企业关注的焦点。但是现代电力工程项目较其他工程项目有许多不同之处，现代电力工程项目施工周期长，工程投入大，工程进展过程中涉及的环节较多，各环节之间相互作用相互影响。现代电力工程项目管理模式的创新发展迅速，管理模式的创新在项目进程中的良好表现得到了电力工作人员的认可和高度重视。

现代电力工程项目的特点主要表现在良好的固定性、专业性强、项目目标明确、存在诸多的不确定性以及项目建设周期长费用大等方面。具体表现形式如下：现代电力工程项目作为国家保障民生的基础项目，经过国家相关部门的考证和研究决定的，一旦项目确定，就需要高质量的项目成果，因此需要电力企业履行相应的责任；电力产业作为保证民生的基础性产业，由国家统一管理，现代电力工程建设具有较强的专业性，需要有专业的技术人员进行操作，绝大多数企业要求技术人员持证上岗，因此，为保证现代电力工程项目的质量，现代电力工程项目管理人员在专业方面的要求同技术人员一样重要，新时期的现代电力工程项目管理人员应该是会技术懂管理的复合型人才，才能保证电力企业的长久活力和竞争力；现代电力工程项目作为保障民生的基础项目，其目标一般都是明确的，项目周期通常可分为不同的阶段，因此项目管理方应该根据项目阶段的划分情况制定对应的管理目标，同时制定相应的预防方案，现代电力工程项目有明确的目标，就会让项目进展更有效率；现代电力工程项目施工周期长，施工过程中的不确定因素众多，因此现代电力工程项目的管理需要使用科学有效的方法来完成，其中就需要协同项目管理方、施工方以及主管部门之间的工作，同时也要协调好电力企业内部的人员关系，只有这样才能保证现代电力工程项目高速高效的推进；一个完整的现代电力工程项目从项目最初的考察调研到项目完工验收需要很长一段时间，这其中参加工程的人员众多，参与单位也多，因此，对于一个完整的现代电力工程项目施工周期长、耗资巨大。

近年来，随着人民生活水平和生活质量的大幅度提高，环境污染问题日趋严重，国家也在立法层面表现出对新能源的支持和重视，相继出现的新能源大多数都可用作发电。因此，新时期的电力企业纷纷将新能源发电作为发展的重点，但是传统的现代电力工程项目管理模式在新能源发电项目上或多或少都会出现一定的不适应，面临这种问题就需要电力企业对传统的工程项目管理模式进行创新。通过对项目管理模式进行创新，对项目进展进行科学有效的管理，这对电力企业的发展具有重要意义。

一、常见的传统现代电力工程项目管理模式

传统现代电力工程项目管理模式。传统的项目管理模式主要按照工程项目设计、项目招投标和施工等步骤进行，目前，我国大多数电力企业都采用这种固有的模式进行现代电力工程项目的施工，通常现代电力工程项目的设计和施工两个环节通常委托给不同的单位进行，比如设计院和建筑院等。传统现代电力工程项目管理模式进展流程。传统的现代电力工程项目在立项之前首先需要委托专业的机构对项目前期的风险、项目的可行性进行研究，通过专业机构评估之后，根据评估结果进行立项，进而寻找优秀的设计单位，并委托其对现代电力工程项目进行设计。然后，项目管理方根据设计单位设计的项目方案利用网站、公告或报纸等形式对外招标，施工单位根据自身条件进行投标，招标过程中项目管理方有权选择设备供应商。最后施工单位进行施工，项目管理方在项目进展过程中选派代表对工程进展和质量进行管理监督，现代电力工程质量也有委托监理单位进行监督控制。

上述传统的现代电力工程项目管理模式在我国已发展多年，在电力企业中得到了广泛地应用。该管理模式按照固定的流程展开，项目相关的所有资料在项目设计阶段都基本涵盖，项目管理方可根据项目图纸对项目生命周期的各种费用进行预算和控制，同时可根据设计图纸对工程项目的重点进行标记，以便加强项目施工环节的控制，必要时，在项目施工过程中可签署相关的标准的合同，方便项目管理方和施工方对项目施工过程中的风险进行控制和管理。

CM模式。CM模式是项目管理方委托施工方进行项目的管理施工，项目施工方直接管理工程进展，CM模式的主要特点表现在能够有效的缩短工程周期，传统的工程管理模式是先设计再施工，而CM模式通过设计和施工同步进行来来节约时间。通常来说，这种模式下的施工方主要分为代理型和非代理型两种。

代理型CM模式下项目管理方主要将工程分包，所有分包商与业主直接签订项目施工合同，项目管理方只负责项目的管理。非代理型CM模式下项目管理方将工程分包，所有分包商直接与业主签订项目。采用非代理型模式，项目管理方可有效的对工程费用进行控制，可有效减少施工费用。

DB模式。DB（Design-building）模式是指设计建设模式，通常由施工方对工程的设计、

施工和管理全程承包的一种模式。当项目可行性研讨获批后，项目管理方就会挑选适合本项目的承包方进行负责，承包方必须对整个项目负责，同时要承担全部的项目风险。项目管理方选定项目的设计单位后，采用竞争性招标的方式选择相应资质、业绩和能力的承包方，并且自己也可参与其中部分项目的施工工作。该模式能够明确项目参加单位的分工，责权利具体，避免了相互之间的干扰，同时可以灵活选择咨询人员、设计控制和选择监理人员。当然该模式也存在着很多不足，比如，在管理流程方面是线性顺序进行设计、招标、施工管理，对工期控制不利，成本控制容易失控，业主管理费用较高，协调量大。设计变更及索赔较多。

BOT模式。模式指的是政府或政府授权的公司将拟建设的某个基础设施项目，通过合同约定并授权另一投资企业来融资、投资、建设、经营、维护，该投资企业在协议规定的时期内通过经营来获取收益，并承担风险。该模式翻译成汉语就是"建设经营转让（或建造运营移交）"，其政府或政府授权的公司在此期间保留对该项目的监督调控权。协议期满，据协议由授权的投资企业将该项目转交给政府或政府授权的公司。适用于现在不能盈利而未来却有较好或一定盈利潜力的项目。该模式的特点是不但能够保证市场机制发挥作用，同时也为政府干预提供了有效的途径。主要参与人有政府、项目公司、投资人、银行或财团以及承担设计、建设和经营的有关公司。分别承担了控制、执行、出资人的角色，从项目风险的角度看投资人风险较大。在实施过程中一般模式投资数额大，项目建设周期长，包括了立项、招标、投标、谈判、履约等五个阶段。条件差异大，没有现成的经验可以借鉴，故而风险较大，主要的风险包括政治风险、市场风险、技术风险、融资风险和不可抵抗的外力风险，可利用风险规避和风险分担两种方式来减少风险。由此可见模式最有利的优点是在资金筹集方面，是国际上一种较好的融资方式，但风险较大。模式可利用外资或闲置资本，可解决政府投资不足的问题，起到合理配置资源的效果。同时在实际应用过程中还可以产生许多新的模式，使用更加灵活方便。

二、传统现代电力工程项目管理模式存在的问题

近年来，在电力企业中大部分领导层对现代电力工程项目的管理模式和项目管理创新的重要性并不是很了解，因此，在很长一段时间内导致了项目管理模式创新的发展进程较慢，直接导致我国的现代电力工程项目管理水平提高速度较慢，长此以往对电力行业的发展产生了消极影响，电力企业的发展直接影响到居民的生活质量和生活水平。因此，对现代电力工程项目管理模式进行创新，对项目进展进行科学有效的管理，这对电力企业的发展具有重要意义。为提高我国现代电力工程项目管理的水平，并在现有的管理模式基础上进行项目管理模式的创新，必须对我国现有现代电力工程项目管理模式的现状进行分析，并针对当前现代电力工程项目管理模式存在的不足和薄弱环节进行改进升级。目前我国现代电力工程项目管理模式创新存在的问题主要体现在管理部门及人员、施工部门、资金和

预算以及现有的管理模式存在缺陷几点。

管理部门人员。近年来，新能源的出现，电力企业都将新能源作为企业发展的新方向，但是传统的现代电力工程项目管理制度和管理人员结构并没有随着项目重点的变化而变化，管理制度和人员结构在一定程度上存在滞后性，直接导致在项目进展过程中，施工质量和速度达不到预期的水平，而且在项目进行过程中，没有先例可以参考，长此以往就会在现代电力工程项目建设过程中形成恶性循环，导致企业的竞争力得不到保证。

现阶段现代电力工程管理中比较严重的问题之一，就是大部分管理人员的素质偏低，其文化素质整体水平不高，使得企业的管理效益低下且管理意识淡薄，不利于新技术的引进和尝试，也就无法创新项目管理模式。此外，大部分管理人员对新技术和新思想的接受度较低，这就使得投资观念不到位，工程造价和预算投资的工作无法顺利完成，组织协调性降低，从而会影响现代电力工程的施工进度，工作效率和工作质量，最终无法提高现代电力工程管理的水平和创新项目管理的模式。

施工部门。现代电力工程项目管理作为项目实施过程中的重中之重，电力项目管理的有序进行需要电力企业中的施工人员和各相关部门之间相互协调、相互合作来完成。现代电力工程项目实施过程中涉及的领域较多，需要施工的部门也较多，常见的有财务部、业务部、质检部、项目部等。其中财务部主要负责资金的拨付和回收，业务部门主要相关的商业活动与交流，业务部主要负责项目紧张中处理相关的业务，质检部主要负责对项目完成的质量进行检查，项目部主要负责项目的进展，相关设备的调度等。各部门之间分工明确，同时又有业务交叉，为更好的保证项目进展的顺利与高效，从而有力的控制现代电力工程项目的进展，需各部门之间相互协调，认真负责地做好工作交接。各部门员工需明确本部门的工作内容，员工需端正工作态度，高效负责地完成本职工作，必要的时候可实施项目责任制，各部门应对所完成的部分项目负责，从而保证现代电力工程项目的质量，同时也能更好的保证电力企业在行业中的市场竞争力。

资金预算。现代电力工程项目管理工作的重点和难点主要体现在资金和预算两方面，预算就是对项目实时的周期中所有的花费进行预估，而资金是项目主管部门通过组织专家对项目的预算评估核实后下拨的用于项目实施过程中的金钱。资金和预算直接影响现代电力工程项目的决策和项目施工，当前电力企业中，在该关节出现问题较多。通常，一个完整的电力项目在立项、施工以及竣工时都会有严格地审核，这其中的环节较多，如果任何一个环节监管不力，出现漏洞，就会滋生出许多违规操作，严重的会导致工程项目迟滞不前，影响工作人员的工作效率，进而影响现代电力工程项目的进展。长时间的违规操作也会影响现代电力工程项目的其他部门员工的工作积极性。因此，在现代电力工程项目实施的生命周期中，严格检查现代电力工程项目的资金和预算对现代电力工程项目的工程质量和工作效率十分必要。

管理模式存在缺陷。当前阶段，我国电力企业中，现代电力工程项目管理模式存在较多的问题，最主要的问题是监理制度尚不完善，监理工作对现代电力工程项目的完成质量有至关重要的影响。监理制度不完善主要体现在以下两点，首先监理对现代电力工程项目的介入管理尚未实现在项目实施的生命周期全程实时管理。其次监理人事制度不公平，现有的监理职位对从业员的专业要求高，但工资待遇偏低，导致监理单位的工作人员工作态度恶劣，直接导致现代电力工程项目的质量。

安全保障体系不完善。近年来，各大企业中的安全事故常有发生，造成环境污染，同时也造成了很多人员伤亡，2019年江苏盐城的化工厂爆炸，导致几百人死亡，在社会上引起了强烈反响。电力企业中的类似的安全事故也常有发生。因此，对于一个现代电力工程项目来说，安全是放在第一位的，安全需要完整的保障体系来支撑。

三、现代电力工程项目管理模式创新方案

管理模式创新。新时代，电力企业之间竞争激烈，我国现代电力工程发展迅速，首先必须对现代电力工程项目管理模式进行创新，只有创新才能满足日益进步社会需求。在现有的现代电力工程项目管理模式的基础上，通过学习国内外先进的电力企业管理模式，并结合自己的实际情况，探索出适合本企业发展的现代电力工程项目管理模式，从而提高自己的业务水平。在新的项目管理模式运行时，会出现许多突发问题，项目管理人员应该根据出现的问题综合考虑并给出解决方案，同时对出现的问题归纳整理，才能不断对项目管理模式进行改进和提高管理人员的水平。

为提高工作人员对现代电力工程项目管理模式创新的了解，在项目进展过程中，可将实际情况与严格的监理制度结合，通过对工作人员统一培训，提高工作人员的综合素养，实施科学的项目管理。通过对现代电力工程项目管理创新，能有效提高电力企业的经济效益和社会效益。

组织机制创新。为配合现代电力工程管理模式创新的需要，传统的现代电力工程项目管理组织机制已不能满足需求，因此，需要对工程项目管理机制进行创新。对现代电力工程项目管理机制的创新主要是优化电力企业的内部结构，具体措施如下：首先，企业应该系统性安排项目计划。包括日计划、周计划、月计划、季度计划、年计划等。其中，日计划主要包括每日工作安排，周计划需要增加总结和汇总，同时，制定计划后，需要及时进行系统导入，方便企业其他员工能够及时查看，了解工作安排，其次，还需要做好工作安排的激活、取消和变更。

通过对现代电力工程项目管理机制进行创新，增加各部门之间的沟通交流，实时了解项目的进展情况，能更好的的应对项目进展过程中出现的突发状况，从而保证项目的可持续发展。

监理制度创新。当前，我国的现代电力工程领域的监理制度存在严重的缺陷，大多数电力企业中，即便是存在监理制度，也形同虚设，更有甚者，监理部门工作人员伙同项目管理人员从事违规操作。因此，对电力企业中监理制度的创新显得尤为重要。监理部门主

要负责在项目实施的生命周期全程实时对施工人员、工程质量以及工程进度等方面进行监督，并配合项目管理人员解决项目实施过程中出现的突发状况，进而实现科学有效的工程建设。这就要求电力企业的监理人员树立认真的工作意识，端正工作态度，严格按照工程建设标准对项目进展进行检查，发现问题及时汇报并处理问题，洁身自好，对自己的工作负责。

在监理人事制度方面，需提高监理工作人员的薪资水平，提高员工的工作积极性，在工作过程中，多给年轻人机会，让年轻人在项目中历练，同时，利用业余时间对员工进行培训，提高员工的综合素质和业务能力，只有这样才能培养一支合格的监理人事队伍，才能有效地保证现代电力工程项目的质量。

通过对我国目前现代电力工程项目管理模式存在的问题进行说明，并在尚存的问题基础上，提出对现代电力工程项目管理模式的创新，并给出具体的应用措施，从而为我国的现代电力工程项目管理模式发展提供一定的指导和借鉴。

第五节　现代电力工程项目风险的管理

随着科学技术的不断发展，越来越多的电力企业向着现代化、科学化、全面化的管理模式迈进，而现代电力工程项目风险管理工作是电力企业管理中最为重要的一个环节，无论对现代电力工程项目的发展，还是对企业、国民经济的发展都具有直接的影响。因此，文章从风险管理的相关概念入手，对现代电力工程项目风险管理工作现状进行了全方位、深层次的解剖，最后探析了应对现代电力工程项目风险管理问题的策略，并提出了具有针对性的建议。

一、风险管理的相关概念解析

风险管理，顾名思义，即对风险进行管理的过程。具体来说，风险管理主要指的是在一个具有风险的环境里如何将风险降至最低的一种管理过程。风险管理主要包括对风险的量度、评估及应变的策略。在现实情况里，风险通常是难以规避的，但是它在某种程度上又是可控的，可以预测的，而这也是我们研究风险、提出风险管理概念的主要原因。只有明白产生各种风险的原因以后，我们才能采取相应的措施，对这些风险进行合理、有效地管理，为实现"防患于未然"的目标而做好准备，从而在最大程度上降低风险对企业自身产生破坏的程度。

二、现代电力工程项目风险管理工作现状

电在人们的生活、生产、学习中扮演着十分重要的角色，如果没有电，将难以想象我

们的生活会发生多么翻天覆地的变化。

当前，现代电力工程相关项目越来越多，在进行现代电力工程项目施工的过程中，由于涉及方面较广，就不可避免地会产生各种风险。通常而言，遭受风险的威胁是不可避免的，但是我们却可以人为地采取一些措施，以将风险控制在我们能够承受的范围之内。这就要求我们要重视现代电力工程项目风险管理工作，将这类性质的工作放在足够高度的位置，降低发生风险的概率，从而保证现代电力工程项目的顺利进行。当下，现代电力工程项目建设涉及的方面也越来越广，方向也越来越复杂化，这就必然会使得现代电力工程项目的稳定性得不到必要的保证，最终会造成发生现代电力工程项目风险的概率大幅度地提高。因此，为了保证现代电力工程施工的过程能够安全地进行下去，就必须提高风险管理意识。但是，就现在而言，我国现代电力工程项目管理工作中存在一些问题。

缺乏相应的现代电力工程项目分析管理制度。就现在很多现代电力工程企业所实行的风险管理制度而言，现有的风险管理制度有待完善，尤其是缺乏相应的现代电力工程项目分析管理制度。制度是用来约束人们行为最好的方式之一，故，为了让现代电力工程项目开展过程中尽量地规避风险，可以从建立相应的现代电力工程项目分析管理制度入手。有时候，我们可以看到一些由于现代电力工程项目建设中存在问题而发生重大事故的报道，使得国家、企业及广大人民群众的生命、财产遭受巨大的损失，这就要求相关部门从外部制度上对现代电力工程项目进行必要的约束，依靠制度的强制性措施保证相关人员提高风险管理意识，促使企业提高风险管理水平，保证有专门的工作人员在整个现代电力工程项目全周期进行实时的监督管理，保证现代电力工程项目能够合理、科学、全面地被完成，促进我国现代电力工程项目建设实现最优化的目标。

相关人员风险管理意识淡薄。从现在电力领域的发展情况来看，我们可以把整个电力产业说成是一个具有垄断式的行业，它不像其他行业那样与生俱来就有一种极强的竞争力，电力行业几乎不存在竞争力，而是处于一种几近垄断的地位。电力产业型的企业在建立之初，其建设规模极其庞大，整个建设工程所需要的人力、物力、财力不可想象，因此，其建设周期也非常长，有时候仅仅建设某个大型项目工程也需要耗费几年，而需要的相关技术也较为复杂。除此之外，相关的管理人员对风险管理的认识仅仅停留在风险发生的偶然性及不确定性上，而忽视了对风险进行有效管理的重要性，过于"舍本求末"，而这种风险意识就必然不能使相关管理人员从内心真正地控制好建设周期如此之长、建设工作如此复杂难控的现代电力工程项目。用更为通俗的话来讲，也就是说现代电力工程项目工作本来就需要较高的技术、较雄厚的资金支撑，以及足够的施工人员，这些硬指标实现以后也仅仅是现代电力工程项目顺利进行的第一步而已，在建设过程中还需要考虑一些人为的因素，如相关负责人由于自身的思想问题而可能会对整个项目带来的负面影响，从而降低现代电力工程项目施工过程中的风险。

缺乏基础的现代电力工程项目风险管理数据库。当下，大数据时代已经到来，虽然在我国很多的企事业单位才刚刚重视大数据，但是不可否认大数据在整个企事业单位发展中的重要作用。对于电力企业而言，建立相应的数据库，为自己企业面向大数据时代做好基础工作是非常有必要的。为此，现代电力工程项目相关负责人应该肩负起自己的责任，在项目施工的各个阶段及时采集有用的数据信息，并且将这些信息合理地进行筛选、分类及存档。事实上，由于我国的大数据起步较晚，很多人还没有意识到其重要性，现代电力工程项目相关企业也是如此，这就使得企业的数据信息库不够完善、不够精确，当一些风险事故发生以后，难以及时准确地应对其所面临的风险，从而扩大了风险对企业所造成的破坏与影响。

三、应对现代电力工程项目风险管理问题的策略

现代电力工程项目本身的特性和一些相关人员的问题会使得现代电力工程项目存在各种风险管理，如果不能采取必要的应对措施，就必然会对整个现代电力工程项目的顺利进行带来不利的影响。为此，务必使现代电力工程项目过程规范化、合理化、科学化，切实保障整个现代电力工程项目能够按照设定的要求以较高的标准来完成。

强化相关人员的现代电力工程项目建设风险意识。从目前的一些情况来看，在进行现代电力工程项目建设的过程中，一定要强化相关人员的现代电力工程项目建设风险意识，避免电力企业的某些领导阶层和管理阶层的人员产生风险侥幸心理，要迫使他们对以往的错误观念做出改变，不能让他们这种错误的侥幸心理成为提高风险发生概率的催化剂，要及时让他们认识到自己观念上的错误，实实在在地保障电力企业现代化建设的顺利进行。

改革现代电力工程项目建设管理模式。改革现存的现代电力工程项目建设管理模式，让现代电力工程项目建设管理模式更加符合当下人们对于新型管理模式的需求。要想将现代电力工程项目风险控制在企业能够承受的范围之内，必须清楚地了解现行的现代电力工程项目建设管理模式不合理的地方，并且对其及时地改革，以健全管理体制为立足点和着眼点，充分地利用现代电力工程项目与生俱来的一些特点，明确项目的管理目标，为改革现代电力工程项目建设管理模式做好第一步的工作。

构建合理的现代电力工程项目风险管理制度体系。现代电力工程所涉及的方面及部门较多，所以能够对现代电力工程项目造成影响的外界因素也较多，使现代电力工程建设项目中的各个环节都受到或大或小的风险威胁。因此，构建合理、科学、全面、有效的现代电力工程项目风险管理制度体系是非常有必要的。为实现此目标，可以通过对现代电力工程相关项目的设计、招投标等步骤来实现对电力建筑市场进行更为规范化的管理，利用与风险管理相匹配的绩效考核机制来降低现代电力工程项目风险。对于某些风险较大的现代电力工程项目风险管理工作，还可以借助于法律来进行强制保险。

完善现代电力工程项目风险管理系统。完善现代电力工程项目风险管理系统，是降低现代电力工程项目风险的有效方法之一。借助于计算机对各种风险进行统计、分类，再建立相应的现代电力工程项目风险管理系统，从而更为系统地对项目风险进行管理，有利于

保证工程项目正常、有序地进行。

一言以蔽之，电是人们日常生活中最需要的东西之一，如果人的生活中没有电的存在，那么人们的生活方式将会发生翻天覆地的变化。当下电力企业在科学技术的发展下向着现代化、科学化、全面化的管理模式迈进，现代电力工程项目风险管理工作作为企业工程项目管理工作的重要内容，无论对现代电力工程项目的发展，还是对企业、国民经济的发展都具有直接的影响。由此可知，"现代电力工程项目风险管理工作探析"这一课题具有重要的研究意义。

第六节　现代电力工程输电线路施工管理

加强输电线路的施工管理在现代电力工程建设施工过程中是非常重要的，一方面可以使工程的施工效率和整体质量得以提高，同时对于现代电力工程的行业也有着积极的促进作用。另一方面，在现代电力工程施工期间，全体施工人员和企业管理人员必须按照施工技术和施工安全以及成本管控的相关原则和规定进行工作，防止各项安全事故和质量隐患问题的发生。针对现代电力工程输电线路的施工管理进行研究和分析，并提出相应的管理策略，希望可以为相关技术人员提供一定的参考。

输电线路的施工质量，由于受到施工人员和施工设备以及施工环境等因素的影响，经常造成质量得不到明确的保障。目前，我国的经济生活可以通过现代电力工程输电线路的施工管理得到基础上的保障。为了确保我国的经济生产进行得更加顺利，人民的生活更加便利，及时发现现代电力工程输电线路施工过程中的安全隐患和存在的弊病，从而针对性地采取措施是极其重要的。

一、加强输电线路施工管理的重要意义

提升现代电力工程整体施工质量。作为现代电力工程中十分重要的组成部分，确保输电线路的施工质量满足使用要求，应该在使用过程中积极做好监督和管理工作。在输电线路的施工期间，应该加强对技术和设备的管控，不断健全并完善施工管理体制，加强各方面参加人员和设备的管理，这对于提升现代电力工程的整体施工质量有着重要的意义和作用。

确保工程如期完工。我国目前对于现代电力工程等基础设施建设投资越来越大，电网工程项目在电力企业的不断发展传达下，也进行新一轮的升级改造，输电线路面临着更大的输变量。在工程的施工期间，受到自然气候和当地水源地貌的影响，以及当地的交叉作业情况所带来的制约，必须对工程进行良好的施工管理，及时协调和沟通施工现场的工作情况，这样一方面可以保证施工效率，同时也可以保证各方工作的有序开展，加快甚至缩

短项目的施工周期。

提高工程的投资效益。现代电力工程相对于普通的工程项目来说，施工周期比较长，并且对工程质量的要求也相对较高，所以，为了提高工程的经济效益，对于施工过程中的全方面管控，尤其是施工技术的管理和质量的管理是极其重要的。

二、现代电力工程输电线路施工管理措施

加强前期线路勘查设计的管控。在输电线路的施工过程中，前期的勘察设计对于工程的整体质量有着直接的影响，因此应该加强前期线路施工的勘察环节管理，为后期的技术设备和工作人员提供方便。一方面，应该在输电线路的勘察设计过程中，制定良好的勘察方案和计划，而另一方面，在具体的勘察设计中，也应该尽量选取一些经验丰富，具有相当专业素养水平的人员参与工作。

在此期间，工程技术人员需要针对工程施工所需要的经费和各方面的因素进行全方位的考虑。例如，在选择输电线路的路径是应该尽可能地选取较短的路线，并不断优化线路的整体选线方案，降低输电线路的运营和建设成本。值得注意的是，在工程的勘测期间，应该精确测量线路的间距转角，同时也应该对高度差等数据进行研究和分析，尽可能地提高工程的整体施工效果和投入运行后的质量。

注重输电线路基础施工技术管理。

桩基础技术的管理。作为一项基础性的工程，桩基对于输电线路的使用有着决定性的影响。所以往往需要在施工期间内采用设备和钻孔机械进行操作，尽管钻孔操作相对比较简单，但是仍然需要操作人员具备相当程度的操作技能，并且可以进行精确定位桩基的位置。现场的施工管理人员需要对钻进的各个环节进行管理，以便于防止施工偏差较大的现象。如果在施工过程中出现钻孔跑偏，应该立即组织专业的施工人员针对钻头的偏差位置进行扫孔处理。此外，要求管理人员针对钻孔的现场进行实时跟进，避免由于钻孔偏差造成的施工进度受到影响。在遇见问题、发现问题的时候应该及时修正。

掏挖施工技术的管理。为了使输电线路的塔杆安全性和稳定性得到保障，并且由于输电线路的跨度和范围也相对较广，所以在施工过程中很容易遇见粘土或软土地段，这些地点的土质十分松软，从而造成地基的稳定性相对较差，很容易在施工过程中出现地基变形甚至塌陷的问题。所以在开展塔杆的铺设工作时，应该采取及时有效的措施来加固地基，从而避免产生施工风险。在具体施工过程中，施工人员应该明确施工的具体地点，然后再按照科学的规程进行操作，为了防止混凝土的凝固效果受到影响，在浇筑过程中还需要注意如下方面的问题：首先，应该保证浇筑过程中被浇入土坑的清洁程度，防止由于污染和垃圾造成混凝土浇筑效果的破坏；其次，为防止出现混凝土的强度破坏，需要对施工过程中的混凝土质量进行管理，严格地按照各项规章制度进行。

加强对施工人员的培训与管理，做好现场的安全管控。随着我国电网工程建设的不断

推进，工程在施工期间所使用的技术和设备先进程度都大大提高，所以，施工企业在施工之前，应该对作业人员进行专门的培训，一方面提高施工人员的安全责任意识，同时也应该对施工人员在施工过程中所涉及的技能和专业素养进行培训和提高，只有施工人员和施工技术得到了明确的保障，才能使施工质量满足设计人员所提出的要求。此外，还应该不断完善并健全施工现场的管理机制，吸收并借鉴国内外优秀的管理模式和先进的施工经验，确保管理工作有序开展。

而另一方面应该加强对事故现场的安全管控，由于现代电力工程施工过程中所涉及的人员和设备以及各种材料十分庞杂，所以现代电力工程往往需要应用多门学科进行综合性的施工。上述情况造成施工期间大量的安全隐患存在。所以为了从根本上避免质量事故的发生，在现场做好安全管理工作是十分必要的，在施工期间，施工管理人员应该对材料的堆放和运输进行及时的跟进，一些特殊岗位必须做到一人一证，持证上岗，非工作人员不得擅自接触施工场所，做好现场的安全防护工作。

塔杆架设施工管理。作为线路重要的承载结构，塔杆的施工质量对输电线路的运行效果有着重要的影响。在进行塔杆的架设工作时，应重点加强以下管理：首先，要加强对塔杆自身质量的检查与管理，确保塔杆的质地坚硬、牢固，并且能够承受输电线路的压力。此外，外界恶劣天气也会导致塔杆出现断裂、偏移等问题，因而要加强对塔杆施工质量的管控，特别要提高地基铺设质量，防止塔杆出现下沉、塌陷等问题。其次，在塔杆的铺设过程中，要求施工人员在此期间对施工质量进行及时有效的管控，考虑到当地的交通运输状况和自然环境可能带来的负面影响。架空线路在进行正式施工之前应该做好相应的准备工作，线路在连接过程中应该对其松弛度进行检测，同时注意其附件的安装顺序是否正确。拖地展放线盘处不需制动，线拖在地面行进的方法，此法不用专用设备比较简单，但导线的磨损较为严重，劳动效率低。力放线方法是使用牵张机械使导地线始终保持一定的张力保持对交叉物始终有一定安全距离的展放方法，它能保证导地线展放质量效率较高，但其缺点是作业过程中所使用的费用相对较高，并且机械设备十分笨重。在选择放线滑车轮径的时候，一般选择尺寸相对较大些的，通常大于 10 倍导线的直径，这样就可以保持弯曲处的应力相对较小，并且保证导线的磨损系数控制在较低的范围内。

为了从根本上提高施工线路的运行质量，避免由于质量不良所造成的这类事故带来的不良影响，在输电线路的施工管理过程中，加强针对施工的人力和技术进行管理是极其必要的，这样可以避免不必要的事故发生，同时也可以为企业提高自身的经济效益和市场核心竞争力。在这个全过程中，所有环节的施工和设计过程都要严格按照国家和行业的有关规定和相关法律法规，并且将理论结合共同的实际进行灵活的运用，只有这样才能够使输电线路的施工水平得以稳步提高。

第七节　现代电力工程招投标风险管理分析

随着现代电力工程规模的不断扩大，在施工的程序、时间、工种搭配等方面比较复杂，在招投标阶段存在的风险类型也越来越丰富，因此，招投标阶段之前的准备阶段变得尤为重要，为规避风险、提升工程质量和企业效益提供切实的保障。下面笔者就现代电力工程招投标风险管理进行简要分析。

从上个世纪八十年代开始起步的，风险管理工作在逐渐的发展中，到了当前社会的发展阶段，招投标阶段的风险管理工作正在向规范化逐渐发展，承包商已经不把中标当作唯一的目的。到了风险管理的内容众多，现代电力工程在建设之前的招投标阶段就需要加强研究的力度和科学性，提升对施工技术等方面的要求。即，风险管理就是招投标阶段管理工作的核心内容，风险管理工作可以有效规避投标风险，提升企业经营质量。

一、现代电力工程招投标风险的类型

（一）自然环境风险

自然环境风险包括地质条件、暴雨雷电等极端天气等因素带来的风险。由于这类风险属于不可抗性的外界因素所以现代电力工程在招投标阶段需要在相关契约文件中，明确指出自然环境风险存在的隐患，并对自然环境风险发生造成的不利结果，确定出明确的责任承担程度和对象，要求责任承担者按照文件规定，对风险后果进行妥善的处理。

（二）设计风险

设计风险决定着现代电力工程建设中核心技术的落实水平，设计风险是现代电力工程进行招投标工作的前提条件。现代电力工程施工建设是依照准备解读的设计来进行的，因此应将对设计工作中的风险管理工作作为重点的关注对象。对于设计风险的分析与管理工作对于后期施工阶段的工作效率和质量具有重大的影响，设计上的细微调整会实际的施工工作产生重大的改动。现阶段的现代电力工程建设，呈现出工程量大、施工时间较长、施工周期要求严格的特点，设计上的频繁改动会导致工期延误、工程赔偿等问题，给施工过程带来严重的不良影响。因此需要完善设计方案，避免设计不合理因素引发风险。

（三）投标报价风险

现代电力工程招投标阶段的报价风险，主要体现为工程量和价格风险，投标报价风险的出现，是由于现代电力工程在招投标的过程中面临着逐渐升高的劳动力以及施工原材料价格压力招投标风险的出现，要求通过完善的风险分析模式，对招投标阶段的风险隐患进行充分的调查研究，合理估算当前劳动力以及施工所用材料的市场价格，在保证估算量准确的前提下才可以有效地规避报价的风险。

（四）社会风险

现代电力工程招投标阶段的社会风险主要表现为现代电力工程施工导致的拆迁占地问题带来的风险。由于现代电力工程的规模一般较大，施工过程会占据大量的土地资源，施工现场的建筑物需要被拆除，人口需要进行转移。如果，现代电力工程在设计规划工作中出现问题，需要临时进行调整，就会导致施工周期的延误，同时会给占地搬迁赔偿问题带来阻碍。因此，为了规避现代电力工程的社会风险，需要在招投标阶段明确规范安置处理问题的合理解决方案。

二、现代电力工程招投标阶段风险的成因

（一）市场调查工作不足

现代电力工程在招投标工作之前，需要对于风险分析进行充分的市场调查工作，为后续工作做准备。对市场的调查工作不充分，会导致一系列的招投标风险。部分电力企业招投标工作前的市场调查工作欠缺，忽视了劳动力和建设材料市场价格等有效的市场信息，从而导致了现代电力工程的工作效率降低，整体的建设进度延误，造成了大量的资源浪费，不利于企业的经济效益。

（二）招投标市场不规范

招投标市场的规范性对于引导电力企业开展正确的招投标阶段风险分析管理工作，具有重要的意义。但是在目前的发展阶段，招投标市场缺乏公平性和有序性，部分电力企业对于工程招投标工作的认知不足，缺乏相关的法律政策知识。招投标市场缺乏规范性，会导致一些电力企业进行不正当的竞争，违反公平竞争秩序，同时还会导致一些电力企业的垄断现象变得更为严重，严重破坏现代电力工程的建设发展。

三、现代电力工程招投标风险管理举措

（一）转移和分散风险

在某地的现代电力工程招标工作中，为了有效规避现代电力工程招投标风险，电力企业为工程项目投保。之后此次项目中标的企业在电力企业发出招标邀请书后，擅自终止了投标。擅自终止招投标给工程的建设带来了较大的经济损失，保险公司即可根据之间签订的保险协议给予电力公司一定的补偿。在开展招投标应进行活动前的风险防控，将现代电力工程招投标的风险进行转移和分散。可以采取向保险公司支付少量的保险金的方法，换来的是减少现代电力工程项目风险导致的实际损失。电力企业可以在投保相关文件中找到保险保护的范围，可以依据现代电力工程施工项目的实际情况以及自身的发展现状，选择适宜的保险方案。

（二）深入了解招投标文件

电力企业在招投标阶段，需要深入了解招投标文件，对于现代电力工程整体的资金投入、计划以及管理工作进行了解和明确。电力企业通过细致的调查工作对各个招标方的资金状况有准确的定位和预期，避免招标方因为资金方面的问题给现代电力工程进展带来消极影响。了解招投标文件内容的同时，还应注意文件的合理性，对于招投标文件中过分苛责的问题，可以与招标方进行协调和磋商，保障招投标工作的顺利进行。

（三）完善招投标制度

某地 a 电力企业在建设项目的招标中，企业的基建部门负责招标工作，而 b 公司的投标负责人向电力公司负责人寻求标底信息。在清楚了招标保密信息的前提下，b 公司给出了与标底价位最为接近的价格，最终中标。通过完善的招投标制度的权力监管职能，依法将 a 电力企业的招标负责人送往司法审查，此次中标也宣告作废。可见招投标制度需要完善的相关制度的引导和规范。因此，需要完善招投标制度，通过制度的权力监管职能，来保证招投标工作的规范性，同时保证现代电力工程可以在预期的施工周期完工，有效提升现代电力工程建设的整体质量。在招投标过程中招标单位人员可能会泄露招投标保密信息，破坏招投标工作的秩序性。

电力企业在招投标工作中，需要加强风险分析和管理的水平，可以通过科学合理的管理模式，对风险的大小进行明确，有效规避招投标阶段的风险，最大限度减少不必要的工程损失，为企业的效益提升提供保障，从而提高企业的市场竞争力。

第八节　现代电力工程的技改大修工程管理

现代电力工程是推动社会与经济发展的关键，在长期努力下，我国现代电力工程已经取得一定成就，各类新技术与现代化设备逐步应用于现代电力工程中。在人们生活水平逐步提升的同时，对现代电力工程的安全性提出更高要求，技改大修工程则成为创设安全电力环境的关键，同时也是当前电力企业的工作难点。由于技改大修工程专业性较强、覆盖面较广，因此，有必要对其展开深入探讨，提出可行的管理策略，本节对此进行了详细的分析和探讨。

一、现代电力工程技改大修基本状况

技改大修除了实现技术层面的革新外，还需在设备的使用等多个层面做出改进。在实际操作中，以所在区域的电力发展状况为基准，为满足当地居民对电力的需求，引入先进技术，从而改善电力行业整体水平，使其朝着高品质方向发展。

现阶段，我国农村电网改造正大规模展开，这是极为典型的技改案例，通过此途径可以提升农村供电的便捷性，为电网运行创设安全环境。在行业持续发展之下，技术上已经实现突破，如变电站自动化技术等都是极为高效的现代化技术，有助于提升智能电网事业的发展水平。供电材料的改造规模也相对较大，主要针对原有材料进行换新或是合理维护等。伴随电力设备的长期运行，易出现损耗或是设备故障等问题，通过设备大修的方式则为现代电力工统内的各个设备提供了稳定的运行环境。且在长期发展之下，部分设备逐步被淘汰，为了保障现代电力工统稳定性，针对设备展开大修已然是必不可少的一项工作。

二、现代电力工程中技改大修工程管理现存问题分析

任务分配不明确。技改大修是贯穿于现代电力工程持续发展的重要环节，涉及的内容较多，为确保最终质量，需针对各实施环节采取针对性的管理措施。纵观现状，技改大修工程管理具有明显的地域性，即遵循地方有关部门所形成的制度而展开，不利于统筹管理工作，部分区域能够有效完成技改大修工作，取得的效果良好，可为人们提供稳定的电力环境，但部分地区在技改工作上所得成果欠佳，设备运行稳定性无法得到保障，依然会出现各类事故。关于上述问题，最关键的原因在于缺乏统筹规划，无法针对技改大修的各项任务加以细分，具体职责未落实至个人，同时下属单位对整个区域内的电力状况认知较浅，在实际技改过程中易出现遗漏等问题。

最终效果差强人意。总体上，技改大修表现出复杂度高、覆盖面广以及周期较长的基本特性，为改善维护效果，就必须得到高素质技术人员的支持。而实际结果却差强人意，多数技改施工人员不具备高度专业水平，在实际操作中易受到主观因素的影响而产生偏差，且职业道德有待提升，存在敷衍了事的现象，没有全面做好对设备的维修工作，所得结果明显偏离预期目标。

对成本预算工作未产生足够重视。当前施工单位对成本预算的认知不够深入，相关人员在实际操作中浮于表面，随意变更施工方案的现象更是屡见不鲜，在此影响下施工成本随之提升，导致电力企业陷入资金不足等发展局限中，在短时间内难以有效筹集充足资金，阻碍了技改大修工程的进程。此外，部分电力企业过于重视经济效益，在实际施工中以不合理的方式压缩成本，并未给技改大修工程创设充足的资金保障，多项工作难以落实到位，制约了技改大修工程的最终质量。

三、改善技改大修工程管理效果的措施

基于上述问题，综合考虑电力企业当前发展状况，提出如下5点改进措施。

创建高效可行的管理体系，落实责任制。为改变任务分配不明确的局面，电力企业必须从实际情况出发，创建可行管理制度，以此为指导，针对技改大修工程人员加以约束，避免敷衍了事等行为；需要落实责任制度，针对技改大修中的每一项任务加以细分，将其分配给相关人员，各项任务都直接对接具体负责人，此举可有效实现目标，也有助于规避

工程遗漏等问题；还可形成科学的奖惩制度，以此为手段提升员工积极性，使其在日常工作中可投入更多精力，推动技改大修工程朝着高品质方向发展。

以某电力企业为例，针对其技改大修工程展开探讨，总结管理体系的基本功能。具体有：该企业为推动技改大修工程的顺利开展，立足于企业自身发展状况，针对现有管理体系中的内容加以调整，做出合理的增添与删减，将优化所得的管理体系投入到技改大修工程中，实际结果表明，各项工作有序推进且均符合工程要求，整个过程并未出现职责不明等问题，总体质量有所提升，为电力企业的稳定发展提供了充足的支持。

基于招投标方式选定合适的施工单位。施工人员是贯穿于技改大修工程的重要主体，也是各环节的重要推动者，个人专业技能以及职业道德均会对工程整体质量造成影响。因此，电力企业需要挑选高素质人才，为技改大修工程提供支持。电力企业可基于招投标的方式展开，本着科学、客观的理念选择合适的施工单位，要求其具备足够的资质、在历史阶段内获得一定成果，同时内部成员的综合水平相对较高，通过对上述各方面内容的综合分析，对比后得到满足技改大修工程需求的施工单位，双方展开合作。在整个招标过程中，电力企业必须贯彻公平、公正和透明化的原则。此外，在尚未开工时需要对所有施工人员进行培训，引导所有施工人员充分认识到大修工程的具体操作内容，精准掌握工程技术，强化施工人员的责任意识，在日常工作中保持严谨、认真的态度，进而为技改大修工程创设优良条件，使其在既定时间内按要求完成。

做好资金的分配与管理工作。技改大修工程体量较大，充足的资金是推动其顺利开展的重要基础，因此电力企业有必要在此方面投入足够资金，并做好资金的投入与分配工作。在尚未施工时，需安排专员针对施工方案加以分析，以此为基准并考虑材料、设备等多方面成本需求，针对本次技改大修工程所需费用做出科学预算，在后续开展过程中为每一环节适配足够资金。在实际施工中，管理人员发挥出监管作用，除保障工作品质外，还需要合理监管资金，明确资金的使用情况及具体流动状况，全面提升资金利用率，避免资金浪费等不良问题。以不影响施工质量为前提，缩减电力企业在此方面的资金投入量，提升经济效益。

强化各部门之间的沟通与交流。技改大修工程系统性强，需得到多个部门的协同参与，除基础的施工部门外，诸如管理部门等都尤为重要，各部门的工作状况都会对整体效果造成影响，因此，部门之间的沟通至关重要，需形成高效沟通渠道，为技改大修工程的开展提供支持。若某一环节出现问题，各部门相关人员需要积极协商，共同探讨适用于问题的解决策略，确保技改大修工程各环节有序推进，从而提升施工进度，为整体品质提供保障。

组建专门的管理机构。针对技改大修工程实行强有力管控，可有效提升工程整体品质。因此，电力企业需要从内部筛选人才并创建管理机构，通过多层考评的方式确定符合资质的管理人员，整个团队的综合素质较高，各管理人员之间要具备充足的管理能力，从而及时发现问题并提出改进措施，为技改大修工程提供指导。不仅于此，电力企业还要认识到管理方法的重要性，在现代化工程背景下，对传统管理方式加以创新，改变不具适用性的方法，将现代化技术以及设备充分融入其中。例如，可引入网络信息系统，在此基础上为各部门提供线上沟通渠道，将实际工作传输至系统中并实现共享，为各环节施工提供可靠指导。电力企业还可积极向外界学习管理方式，以电力企业发展状况为准做出合理调整，在此基础上将其融入至实际施工之中，提升新方法的适用性，可为技改大修工程质量提供保障。

在电力企业持续发展历程中，为给用户提供稳定用电环境，积极展开技改大修工程，是提升电力技术水平的关键，此项工作要得到电力企业高度重视。在开展技改大修工程时，电力企业可通过招投标的方式选定合适的施工单位，针对各环节操作实行全面管控，以便提升工程效益，注重各部门的沟通效率，可为之引入信息系统，出现问题后立即展开沟通。总体上，上述方法在技改大修工程中具有一定的适用性，可为相关工程提供指导。

第五章 现代电气自动化概述

第一节 现代电气自动化的优点

电气工程作为我国众多基础产业之一，与人们的生活息息相关，随着当前电力事业的不断进步与发展，作为直接影响到电气工程在运行时效率的最主要因素，现代电气自动化的应用范围正在不断地扩大，并逐步成了电气工程中的最核心部分，促进了电气系统的进一步发展。现代电气自动化是将自动调节、实时监控、自动控制等结合为一体，在保持电气工程的有序进行的同时还能提升电气设备的功能，这是现代电气自动化技术广泛普及与运用的必然趋势。因此，本节根据现代电气自动化的特点以及在电气工程中的应用，分析其应用趋势与优势。

随着我国经济的腾飞发展，各种现代化的技术也顺应着时代的变化而更新换代，尤其是当社会进入到信息化时代，有关于电子类的产品种类、加工材料、技术等层出不穷，因此电气工程在其带动之下也得到迅猛发展。近年来，随着社会需求的扩大，以自动化为代表的技术在当下电气项目所涉及的众多领域里，已经被广泛使用。通过对现代电气自动化的运用可以让电气工程的运行安全性与稳定性大幅度提高，并兼顾管理的效果，这已经成了国家发展经济的一个重要保障，对社会基础的设施建设有着不可忽视的作用。但目前由于电气工程在操控技术上仍然对技术人员有着依赖性，在一定程度上影响了电气工程的运行状态，因此，只有将现代电气自动化的全方位的运用到电气项目中，才能减少人力资源的消耗，提高其工作效率，稳定运行状态，降低故障的发生率，才是实现电气工程发展的必然。

一、现代电气自动化应用的概念与特点

现代电气自动化就是电气工程及自动化，是指在应用中借助通信技术、自动化技术、传感器技术方面的结合以达到对电气工程的自动调控以及动态监测。随着近年来的不断发展，现代电气自动化在电气工程中的应用得到不断完善，自动化的属性进一步突出，通过对现代电气自动化的技术控制可以使电气项目在运行中更加的合理，操作更方便，在减少

人力成本输出的同时，还能减少工作时间并提高运用效率，对于电气工程的进一步发展起着重要作用。

目前在电气工程中，热工控制系统与现代电气自动化控制系统是常用的两种方式，两者之间存在着很大的差异性。热工控制作为传统的工程控制系统，在社会不断发展、需求更加旺盛的当下，传统的热工控制已经无法满足设备在运行中的控制需要了；相对而言，而现代电气自动化控制则是顺应当下时代的产物：①系统使设备对信息的收集更加准确，让设备在控制中所需要的数据量大量锐减，以达到传输效率大幅提高；②实现了电气设备的自动运行，当数据传输时有着极高的抗干扰能力，有助于操作指令的及时下达；③对设备在运行中可能会出现的失控或异常都能科学的预测，制定较完整的联动闭锁的安全预防措施，进一步提升了运行中的安全性。

二、现代电气自动化的应用

（一）电网调度的应用

要实现电网的稳定运行，就要对其适度地进行经济调度，电网调度的自动化系统主要是通过工作站、显示器、服务器、计算机网络相互组成，通过局域网将范围内需要作调度的变电站、发电厂、调度中心等设备联通，实现系统自动化。一方面，在不同的季节、不同的地域，对于用电量的需求是不一样的，因此就要对电力分配合理调度，以自动化技术对电量进行监测并分析，从而对未来一段时间内的用电量进行预测，在既能满足需求时也能让运行更经济。另一方面，通过对电量运行的分析和监控，排除可能会出现的异常与故障，降低对故障的排除时间，降低其对运行中造成的影响。

（二）分散控制系统的应用

分散系统的结构形式是分层的，主要通过远程人员在应用中对工作站、以太网、高速通信网络、过程控制单元等施行操作，这在电气诸多系统之中，占据着极为重要的位置，是实现后期对设备控制、数据处理的基础。通过对设备和零部件的数据进行收集，获取其关键参数，借助网络将数据传输到控制室，进而对其进行分析。

（三）变电站的应用

实现变电站的自动化作为电气系统中最重要的一项技术，不仅可以让设备运行的状态稳定，还能让其代替原有的人工操作，提高变电站的系统控制水平。①对信息的处理，通过对变电站的自动化应用替代人员操控，对设备运行中的参数做出快速分析从而形成操作指令；②应用设备自动控制的技术，将操作指令通过电气线路传达至控制系统，从而实现对设备在运行中的准确操作；③作为现代电气自动化运行中的关键环节，利用自动化确保大容量以及高效率的对信息传送，保证设备产生异常时的及时响应。

三、现代电气自动化应用的优点与趋势

（一）优点

①良好的监测优点在电气设备运行中，都要对断路器、变压器等相关设备作实时有效的监测，以保证在运行过程中出现故障时能及时排除；而实现现代电气自动化则能有效地对设备中运行状态、相关参数、反馈信息等进行监测，提高对故障诊断的准确性与高效性，从而对故障做到及时的发现与处理。②实现设备运行与管理的智能化随着当下电气工程的快速发展，其相关设备的运行方式与结构更加复杂，因此，对其操控的技术要求也不断增高，进一步导致人员的缺失，使得运行中故障频发，严重影响电气工作的运作；而自动化的应用，在一定程度上减少了对人力资源的投入，以及对技术的要求，为智能化的进一步实现奠定了基础。

（二）趋势

电气工程的持续性发展离不开技术的创新，现代电气自动化在各个行业领域中已经得到了广泛运用，作为推动企业进一步发展的关键因素，把握好现代电气自动化的发展趋势，才能加快电气工程的发展步伐。从当前现代电气自动化的应用形式中来看，主要从三个方向展开，即信息化、分布化、开放化；信息化能对系统数据进行高效收集兵作综合处理，让网络技术达到管理与监控的一体化；分布化是让现代电气自动化应用在各个领域的多个方面、多个系统，使其范围更广泛的同时进行深入了解，以此提高现代电气自动化的运用水平；开放化则能有效促进现代电气自动化的创新，使其在电气工程中得到更好的应用。

综上所述，随着现代电气自动化自电气工程中的普遍应用，使得我国的电气工程得到进一步的发展，自动化的有效应用，通过其稳定性、精确性、可控性直接推动着整个电气产业。通过本节对现代电气自动化的概念与特点，在电气工程中的应用及其优点与发展趋势的分析与研究，了解了现代电气自动化只有不断的探索与创新，才能在时代的需求中实现电气工程的持续发展，才能实现企业效益以及国家经济发展的必需。

第二节　现代电气自动化的发展

随着我国社会的不断发展，现代电气自动化技术已经渗透到各个领域，为各个领域带来了巨大的收益，并且使自身得到了一定的发展。现代电气自动化技术是我国发展现代科学技术的重要技术，对促进我国工业化发展以及经济的发展具有重大作用。本节对现代电气自动化的发展现状进行了描述，并对现代电气自动化的发展趋势及具体应用进行了探讨与分析，希望对促进我国经济社会发展具有一定的借鉴意义，与此同时，也希望对有志于从事电气行业的同行产生启示意义。

一、现代电气自动化技术的发展现状

随着技术的不断进步，现代电气自动化技术逐渐成为一项综合性、系统性较强的新兴科技，并在我国已得到普遍应用，整体可靠性、可行性以及控制的灵活性得到了提高。现阶段，现代电气自动化系统中已经实现了信息集成化，并且采用现场总线与分布式控制系统，能够对电气工程中的电气设备进行准确、高效的控制与管理，促进了工业生产的效率与产品的质量，同时一些高新科技领域也加强现代电气自动化的应用，进一步提高了自动化水平。虽然现代电气自动化为工业生产和人们生活带来便利与高效，但是现代电气自动化在应用过程中存在也一定的局限性，该局限性主要体现在环境因素的影响与干扰以及能源消耗过多。由此可见，我国需要加强现代电气自动化技术的科研力度，进而消除局限性，促进现代电气自动化领域的发展。

二、现代电气自动化的发展趋势

当前，我国现代电气自动化技术已经取得了一定的发展与进步，但是在一些核心技术领域，我国与一些西方先进国家之间依然有很大的差距。而根据我国现代电气自动化发展的现状，在现代电气自动化应用的过程中依旧存在着自动化程度不高，能源消耗过大，以及维护成本过高等现象，因此，务必加快我国现代电气自动化技术的发展。经分析，我国现代电气自动化的发展主要体现在更加智能化、节能化、通用化三个方面，以下将进行一一阐述。

（一）智能化

虽然我国现代电气自动化系统已经初步实现智能化，但是并不足以满足各个领域的需求，为此，还需要加快系统智能化发展的速度。智能化技术在现代电气自动化系统中的应用，可以无需再对被控对象建立控制模型，这不仅去除了人为因素所造成的误差，而且使人力资源得到了解放。同时，还使自动控制系统能够实现故障诊断，运行分析，合理规划等功能，从而保证自动化系统及电气工程的稳定运行。随着神经网络控制，专家系统控制以及模糊控制等智能控制的发展，这便为处理更加复杂的对象和实现自动化系统学习、适应和组织的功能奠定了基础。智能化是时代发展的潮流，实现现代电气自动化智能化的发展，对于提高自动化程度以及拓展现代电气自动化的应用范围具有重要的推动作用。

（二）节能化

当今时代，节能环保和可持续发展是各个行业的发展趋势。然而，随着电气工程规模的增大，现代电气自动化控制系统也逐渐趋向复杂化，对电能的消耗也在日益提高。因此，在设计现代电气自动化控制系统时，应在各个环节采取有效的措施，减少不必要的能源消耗。例如，通过更换导线增加截面积，减少在传输线路中的电能损耗；采用变频技术，减少电机工作过程中的电能损耗。此外，随着物联网技术、计算机技术与传感器技术的酷快速发展，出现能够追踪现代电气自动化控制系统中的能耗并计算各流程需要消耗多少能源的软件，为实现节能化提供了数据支持。总之，现代电气自动化趋向节能化发展，对能源的节约，电气设备的高效运行以及企业的经济收益具有重大意义。

（三）通用化

伴随着标现代电气自动化的应用普及，通用化已经成为现代电气自动化系统发展的目标。现代电气自动化系统能够实现通用化，可以加强企业之间的交流与合作，构建一个统一的研究平台，有计划、有规范地设计现代电气自动化系统方案。目前，我国自动化的研究逐渐实现了国际对接，在现代电力工统自动化领域已达到了 IEC 61850 的国际标准，为我国现代电气自动化行业走向国际市场，加强国际交流创造了条件。此外，现代电气自动化系统通用化的实现，使现代电气自动化系统中的硬件与软件有了标准的接口，提高了不同企业间自动化系统的兼容性，方便了研究人员对现代电气自动化系统的设计、测试与维护，有利于降低企业成本，实现企业间信息共享。可见，通用化在现代电气自动化技术中的实现，为我国企业在相关领域的发展与技术的创新提供了一个良好的平台。

三、现代电气自动化的具体应用

（一）现代电气自动化在电网调度中的应用

随着我国各个行业用电负荷的逐年增长，对电网调度部门的要求也在不断提高，也就为电网调度实现自动化创造了条件。现代电力工统通过局域网将发电厂、工作站、电网调度中心、变电站等连接在一起，使自动化控制系统能够全面对其监测与控制，进而使现代电力工统工作在安全稳定状态下。现代电气自动化系统能够对现代电力工统中供电负荷以及各个电气设备的数据参数进行收集，并将其传送到调控中心，计算机系统可实现在线稳定分析与预测，为调度员提供辅助决策的依据，制定合理的经济性调度方案。同时，随着自动化控制系统应用可视化技术，可以对现代电力工统中的电气设备进行在线监控，提高了对电网中故障查、排除与处理的效率。现代电气自动化控制系统在电网调度中的应用，全面提高了电网调度应对突发事件的能力，确保了电网安全、高效、稳定、经济运行。

（二）现代电气自动化在变电站中的应用

变电站自动化控制系统是在通信和计算机技术的基础上，通过测控技术、信息技术、传感器技术以及决策支持的应用，自动完成信息收集、计算、控制、保护和监测等基本功能，并能够支持变电站自动控制，自我诊断，智能调节以及在线分析决策等高级功能，实现变电站运行可靠、安全、高效、经济的目标。在变电站中，自动化控制系统对整个变电站实施全方位、多层次的监控和处理，替代了人工监测，不但节约了人力，还提高变电站的工作效率与可靠性。变电站在运行过程中会产生大量的数据信息，通过对数据的收集、计算与分析，可以对变电站中存在的安全隐患进行预测，采取必要的措施预防安全事故的发生，实现了变电站的稳定运行。此外，自动化控制系统可以在线监测输电线路，一旦发生线路故障，系统自动切换母线联络开关，减少了线路故障对供电与生产的影响。

（三）现代电气自动化在中央空调中的应用

在传统的控制系统下，由于系统结构相对复杂，自动化水平不高，致使中央空调电能消耗过高以及对室内环境参数控制不够精确。现代电气自动化技术在中央空调中的应用主要体现在控制、节能和监测上，解决中央空调能耗高、效率低的问题是其主要目标。PLC控制技术有着良好的包容性、自我调节能力以及简单的系统编程，使中央空调的控制系统更为灵活。PLC控制系统通过采集室内温度、湿度等参数来自动控制变频系统，为压缩机准确调速，以此提供室内所需的热量或冷量，当室内参数达到设定值时，便能够维持恒定转速运转，不但保障室内环境的稳定，还能有效减少电能的消耗。对中央空调的维护管理也是一项重要的环节，远程监控技术可以对设备运行状况进行监测，及时发现安全隐患与故障，这既缩短了人工检修的周期，又提高了中央空调运行的稳定性与安全性。

现代电气自动化已在我国各个行业得到了广泛应用，提升了企业在生产制造与工作的效率，为社会经济的发展做出了巨大的贡献。就我国现代电气自动化的现状而言，依然存在着一定的局限性，在一些先进技术领域，与国外还有很大的差距。因此，应当根据我国现代电气自动化领域的实际情况，顺应发展趋势，加强技术的创新以及培养优秀的专业人才，更好的发挥现代电气自动化的积极作用。同时，应该拓展现代电气自动化的应用范围，完善现代电气自动化的控制体系，总结工作经验，进而使其能够促进国家经济的快速发展。

第三节　机电设备的现代电气自动化

电力和人们的生活有密切的联系，在城市现代电力工统不断发展的背景下，城市的现代电力工统快速发展，使得机电设备的电气向自动化的方向发展，进而形成了一个自动化的运营和智能化的发展模式。在自动化技术应用和发展的背景下，很多机电设备的电气开始使用自动化技术，进行自动化的改造操作，文章对此进行了研究。

一、机电设备的现代电气自动化改造

集中智能控制指的是把安装现场所出现的故障信息开展搜集，及时传送到相应主站，然后发挥主站配电网自身的自动化技术，开展故障问题处理的一类系统。针对机电设备的电气中所出现的故障位置，这样的一种操作模式可以开展精确的定位，同时在主战中可以在计算机的辅助之下对电力线路的整体情况进行客观的分析操作，针对分析的结果制定对应的处理方案。结合这样的方案，把机电设备的电气中的负荷进行转移，从而使得其他区域的电力能处在一个正常的运行状态中。

在目前的机电设备的电气的故障检测工作中最主要使用的检测工具就是分段器，通过这样一个检测工具的应用，可以及时寻找线路中所存在的故障问题，同时在断路器的作用之下对故障线路进行切断，及时上报故障方面的情况以及线路中的相关数据主张，根据上报上来的信息将会对故障的严重程度开展进一步的判断操作。在判断工作开展的过程中，可以判断故障产生的范围，同时利用遥控方面的方法对故障的问题进行修复。在通常情况下，机电设备的电气集中管理和智能模式都可以在故障定位中发挥着作用，通过这样的一种自动化改造方法，可以提升供电本身的可靠性和安全性。针对机电设备的电气中的几种智能模式，可以使用其中的不同处理方式和模式，开展线路故障的处理操作。

二、机电设备的现代电气自动化维护

（一）故障的检修与自动化

在机电设备的现代电气自动化的运行过程中，整个系统对电流的控制是比较关键的，电压和电流之间的交换都需要在控制系统的作用之下才能完成，系统利用变压器可以对不同级数的电压进行联络，防止电流骤停出现中断或者处在超负荷的状态下进行运行。机电设备的现代电气自动化技术一般用在变电站信息的处理和传输过程中，可以完全脱离人工，最终达到自动控制和电力调整的状态，能使整个综合变电站的运行和管理水平得到提升。目前国内大部分地区在变电站中都使用了计算机实时的检修技术，通过这种技术能更好的对设备开展远程的操作，省去了工作人员需要轮班值守的环节，能在全方位的模式之下，实现机电设备的现代电气自动化的战略目标。目前已经存在的大量的变压器功能，都可以在远程的状态下完成操作，例如，故障错误的记录以及日志的生成等，这样的一种模式，极大地方便了电力工作人员对整个变电站进行进一步的检修和维护。

（二）主动检修

在对机电设备的现代电气自动化进行主动检修的过程中，可以选择的方法是比较多样化的，最主要的方式就是根据控制系统发生短路时所出现的各种电气量变化，开展原理和变量方面的分析。

状态检修的方法可以对设备出现故障前的运行状态进行进一步的预测，这种操作方式在运用的过程中，针对性和全面性更加突出，能在一定程度上减少维修的整体成本，同时也使得维修的效率获得提升。对设备来说，出现短路和发生短路的过程都是比较迅速的，在瞬时的状态之下就会对整个电路带来影响，在机电设备的现代电气自动化的日常维护工作中，需要做到定时主动的检查，短路保护装置是否处在一个正常的工作状态中，便于人们在遇到短路问题发生的时候，可以及时进行电源的切断。在短路保护装置进行检修的过程中，检修的重点应该集中在低压断路器和熔断器这两个部位中。在通常的电气控制保护系统中，一般会使用三相短路保护装置对应的三相供电系统来进行整体的运行操作，当整个系统中的主电路容量比较高的时候，那么短路设计中就要为整个电路的控制进行短路保护熔断器的单独设置。

对机电设备的现代电气自动化的主动检修方法来说，除了上述所提到的这两种方式之外，还有设备检修维护这样的一种方式。在实际操作的方法中，可以使用现场循环利用的方式，使得整个设备的运行可靠性得到提升，也尽量降低设备故障发生的具体频率，确保整个电力电气设备达到正常运行的状态，最终促进整体设备使用寿命的有效延长，并且还可以开展设备的交替运行操作，及时进行润滑油的添加，开展设备的进一步清洁，并且完成电力电气设备的维修和养护。

我国的机电设备现代电气自动化和发达国家比起来还处在一个起步的阶段中，但是配套的技术以及相关的理论都在不断的完善过程中，在这样的背景下可以得到进一步的推动与发展。在未来的发展过程中，机电设备的现代电气自动化改造和维护工作将会得到进一步的强化与推进，同时也会进一步推动我国各行各业的发展。

第四节 现代电气自动化技术研究

科技改变着生活，科技改变着世界，现代社会是一个科技的时代，是一个信息化时代，更是一个智能化的时代。得益于科学技术的开发和利用，电气领域中现代电气自动化技术在近些年取得了令人骄傲的成绩，其技术水平有了巨大的进步与提高，这使得现代电气自动化技术更加具有科技性、智能性、信息性以及开放性，其应用的范围和涉及的领域也因现代电气自动化性能的提升而不断地扩大和增多，所以，现代电气自动化技术对于我国经济发展和社会进步至关重要，有着不可替代的地位和作用。基于此本节将对现代电气自动化技术进行分析与研究。

伴随着社会现代化程度的不断加深，科学技术的开发与利用变得越来越重要，在各种工程领域中的占比也在逐渐地增多，可以说工程领域中的科技含量在一定程度上代表了此工程在行业中的地位。现如今，自动化建设和智能化建设已经成为各行各业的工作重点，而在自动化和智能化建设的过程中，对于现代电气自动化技术的应用是必不可少的。虽然经过几十年的研究和实践，我国的现代电气自动化技术已经逐渐地走向成熟，但是和世界上的发达国家相比，我国现代电气自动化的技术水平还是相对落后的，因此对现代电气自动化技术研究具有重大的现实意义。

一、现代电气自动化技术的特点和功能

（一）现代电气自动化技术的特点

现代电气自动化技术的最大作用就是实现了对电气设备的自动化控制，与传统的控制

系统相比，现代电气自动化控制系统的控制对象变得更少，所需的信息量也更小，操作的频率也大大的降低，因此现代电气自动化技术具有准确、快速、高效的特点，这也是它的优势所在。电气设备在使用时对自动控制系统有着非常高的要求，它要求系统的可靠性要足够的高、反应要足够的迅速、抵抗能力要足够的强，所以，现代电气自动化控制系统必须具有众多的连锁保护，这样才能满足电气设备有效控制的实际需求。

（二）现代电气自动化系统的主要功能

对电气设备进行自动化控制是自动化建设的主要目标，而要想实现对电气设备有效的自动化控制，提升其运行效率，现代电气自动化控制系统就必须具有以下几项主要的功能：第一，能够对电气设备机组的出口隔离开关和断路器进行有效的操作和控制。第二，能够对电气设备机组中的发电机 - 变压器组、高变保护装置、励磁变压器进行控制。第三，能够对发电机励磁系统进行起励操作、增磁减磁操作、灭磁操作等一系列操作，并且能够实现稳定器投退和控制方式切换。第四，能够实现开关系统手动和自动同期并网。

二、现代电气自动化技术具体应用方向

（一）实时仿真系统方向的应用

现代电力工统自动化实时仿真系统通过利用现代电气自动化技术不仅可以大量的提供实验数据，还可以允许多种现代电力工统的实验同步开展，例如，现代电力工统的暂态和稳态同步试验，同时该仿真系统还能够协助科研人员完成对新装置的测试工作，并且它还可以和大多数的控制系统一起构成一个闭环系统，进而为灵活输电和智能保护方面的科学研究工作创造了一个非常良好的实验条件。总之，现代电力工统自动化实时仿真系统的引入为现代电力工统的科研工作提供了巨大支撑，建造了具有混合实时仿真功能的实验室，极大程度的移动了电力企业的进步与发展。

（二）综合自动化技术与智能保护方向的应用

就当前的形势来看，我国在综合自动化方面所取得的成绩十分的理想，已经达到了国际的先进水平，可与西方发达国家相媲美，并且在智能自动化保护技术领域所取得成绩已经超过了西方的发达国家。例如，我国完全自主开发的分层式综合自动化装置，其功能非常的强大，能够满足我国目前所有规模的发电站，满足其不同的使用需求。近些年，经过我国科研人员的不懈努力，各种国内外的高新技术和先进理论不断地被应用到现代电气自动化保护系统当中，使得我国现代电力工统的自动自我保护能力得到了极大地提高，同时也有效提升了我国现代电力工统的安全等级，打开了我国现代电力工统保护技术智能化、现代化发展的大门。

（三）在现代电力工统中人工智能方向的应用

将专家系统、模糊逻辑和进化理论应用到现代电力工统和电气元件的规划设计、运行

分析和故障分析等方面的研究工作中，同时结合现代电力工统当前发展的实际需求，如此建立了研究现代电力工统智能控制系统在理论和应用方面上的科研工作，同时也展开了与之相关的实用软件的研究，其目的就是要提高我国现代电力工统运行和控制的智能化程度，实现现代电力工统的智能化建设。

（四）配电网自动化方向的应用

目前我国已经成功将世界上最尖端的标准公共信息模型应用于现代电力工统配电网自动化建设当中，并对输电网理论计算进行了进一步的优化，使其算法更加的科学准确，例如，在进行负荷预测时选择智能性更高的灰色神经元算法，涉及潮流计算时则转换使用更为合适的配网递归虚拟流算法，使得我国的配电网网络自动化建设有了巨大的进步。近年来，我国在现代电力工统配电网自动化方面取得了非常大的突破，其技术水平得到了极大的提升，其在高级应用软件、中低压配电网络数字、配电网络信息一体化等诸多方面都有非常明显的体现，从而有效的解决了配电网络中的诸多的技术性难题，使得我国的配电网络的各项性能得到了明显的提高，尤其是载波接收灵敏度提高的幅度最大。

三、现代电气自动化技术的应用范围

（一）智能电网

在计算机的各种技术之中，信息管理技术是目前应用范围最广的一种，而信息管理技术和现代电气自动化技术的相互结合就构成了智能电网技术，通过智能电网技术就能够对现代电力工统的全局实现智能化的控制，所以，智能电网技术是一个复杂的技术体系，包含了现代电力工统的多个环节的有效控制，例如，配电环节、输变电环节、用户调度环节、发电环节等等。此外，在现代电力工统中还有许多系统都是通过和计算机技术系统进行结合才发挥出重要的作用，如变电站自动化系统、调度柔性交流输电以及自动化系统、稳定控制系统等等，这些系统都是电网数字化建设的重要组成。数字化电网在一定程度上可以被看作是智能化电网的雏形，实际上电网的数字化建设就是在为我国电网的智能化打基础，做准备。因为在智能网中有许多技术也必须是以计算机技术、现代信息技术为依托才能够发挥其应有的作用。

（二）变电站自动化建设

现如今，变电站自动化建设工作是变电站改革工作的重点，更是变电站未来发展的必然趋势，而变电站实现自动化建设的关键就在于计算机技术和现代电气自动化技术应用。计算机技术是变电站实现自动化建设、智能化控制的基础与前提，通过现代计算机技术的应用能够使变电站中的电气设备有效的连接在一起，从而使得设备之间的内在联系更加的紧密，从而使的设备的运行和管理向着数字化、集成化以及网络化的方向发展，为自动化建设打下结实的基础。而现代电气自动化技术的应用则使得变电站的自动化建设得以实现，大大的提升了变电站的现代化程度，极大程度的提升了变电站的工作效率与工作质量，进而使我国的供电服务迈上了一个崭新的台阶。一般来说变电站的现代电气自动化主要有以下几个方面：变电设备运行管理自动化；变电设备工作记录和统计自动化；变电设备操纵自动化；变电效果监视自动化。正是多种自动化功能的综合运用，才使得整个变电系统的自动化能顺利的实现，更加高效、快捷、准确的完成变电任务。

（三）电网的自动化调度

电网简单来说就是实现电力资源传递与运输的输电线路网络，是现代电力工统中极为关键与重要的一部分，是现代电力工统为社会提供电力资源的重要途径，其调度的自动化程度直接决定着电力资源供输质量，影响着我国经济建设的整体发展进程。所以要想完成现代电力工统整体的自动化建设，首先必须实现电网的自动化调度。就我国目前电网调度结构来看，我国现阶段的电网的自动化调度一共可分为五个等级，它们由低到高分别为县级电网自动化调度、地区级电网自动化调度、省级电网自动化调度、大区级电网自动化调度以及国家级电网自动化调度，这五级电网调度自动化的实现都得益于计算机网络技术与现代电气自动化技术的应用，通过这两种技术的有效应用能够建立其一个高级的电网调度控制中心系统，进行对各级的电网调度情况进行自动化的监控，并对其进行细致详细的分析与调节，使各级电网的调度情况更加的科学、合理与安全。

总而言之，现代社会的进步与发展已经离不开现代电气自动化技术，不仅是现代电力工统如此，社会中的其他领域亦如此，且随着时间的推延和科学的发展，现代电气自动化技术必将进一步提升，其影响力必将进一步扩大，所以，在现阶段有关人员就要加大对此项技术的研究力度，使其不断的完善和创新，这样才能使其发挥应有的作用，推动我国的经济发展。

第五节　现代电气自动化的集成与发展

当前现代电气自动化（Electrical Auto-mation）逐渐从多岛自动化走向系统集成，这样不但实现了系统功能的互补，还能够使系统之间的联系变得更加密切。现代电气自动化系统的集成性、灵活性以及直观性等优点也越来越受到工业企业的喜爱。

一、PLC

（一）发展过程

PLC（Programmable logic Controler）又名可编程逻辑控制器，它是专门为工业环境下应用而设计的，1969 年美国 DEC 公司研制出世界上第一台 PLC（PDP-14），并在 GM 公司汽车生产线上应用成功，PLC 的诞生：1969 年，美国研制出世界第一台 PDP-14；1971 年，日本研制出第一台 DCS-8；1973 年，德国研制出第一台 PLC；1974 年，中国研制出第一台 PLC。

（二）现状

现在，世界上有 200 多家 PLC 生产厂家，400 多品种的 PLC 产品，按地域可分成美国、欧洲、和日本等三个流派产品，各流派 PLC 产品都各具特色，如，美国有 A-B 公司、通用电气（GE）公司、莫迪康（MODICON）公司，德国的西门子（SIEMENS）公司，法国的施耐德公司，日本有三菱、欧姆龙、松下、富士等，韩国的三星（SAMSUNG）、LG 等，这些都是现在主流，占有 80% 以上市场份额。现在 80% 以上的行业和设备均可使用 PLC，如，钢铁、石油、化工、电力、建材、机械制造、汽车、轻纺、交通运输、环保及文化娱乐等。

（三）功能与特点

PLC 具有：①体积小；②可靠性高；③柔性好，可在线更改程序；④耐恶略环境；⑤价格低廉等特点。其功能是集数字化为一体，采用可编程的存储器的电子系统，内部结构可运行控制顺序、逻辑计算、数学运算以及定时等命令，利用这些命令，来实现综合的复杂控制，在工业环境领域里面的应用最为广泛。

（四）发展趋势

随着 PLC 应用领域日益扩大，PLC 技术及其产品结构都在不断改进，功能日益强大，性价比越来越高。

（1）在产品规模方面，向两极发展。一方面，大力发展速度更快、性价比更高的小型和超小型 PLC。以适应单机及小型自动控制的需要。另一方面，向高速度、大容量、技术完善的大型 PLC 方向发展。随着复杂系统控制的要求越来越高和微处理器与计算机技术的不断发展，人们对 PLC 的信息处理速度要求也越来越高，要求用户存储器容量也越来越大。

（2）向通信网络化发展。PLC 网络控制是当前控制系统和 PLC 技术发展的潮流。PLC 与 PLC 之间的联网通信、PLC 与上位计算机的联网通信已得到广泛应用。目前，PLC 制造商都在发展自己专用的通信模块和通信软件以加强 PLC 的联网能力。各 PLC 制造商之间也在协商指定通用的通信标准，以构成更大的网络系统。PLC 已成为集散控制系统（DCS）不可缺少的组成部分。

（3）向模块化、智能化发展。为满足工业自动化各种控制系统的需要，近年来，PLC 厂家先后开发了不少新器件和模块，如智能 I/O 模块、温度控制模块和专门用于检测 PLC 外部故障的专用智能模块等，这些模块的开发和应用不仅增强了功能，扩展了 PLC 的应用范围，还提高了系统的可靠性。

（4）编程语言和编程工具的多样化和标准化。多种编程语言的并存、互补与发展是 PLC 软件进步的一种趋势。PLC 厂家在使硬件及编程工具换代频繁、丰富多样、功能提高的同时，日益向 MAP(制造自动化协议)靠拢，使 PLC 的基本部件，包括输入输出模块、通信协议、编程语言和编程工具等方面的技术规范化和标准化。

二、触摸屏

（一）简介

触摸屏（HMI）既人机界面，也可以说是本地 PLC 的上位机，可以替代传统的开关，按钮，节省空间和成本，给人以高大尚的感觉。现在以电容屏为主流，可以实现多点触控，精度高，触控灵敏，反应速度比电阻屏块，国内代表如威纶屏，国外如西门子系列。

（二）功能

触摸屏一般和 PLC 结合使用，可实现如下功能：①显示设备工作状态，如指示灯、按钮、文字、图形、曲线等。②数据、文字、输入操作、打印输出。③生产配方存储，设备生产数据记录。④简单的逻辑和数学运算。⑤连接多种工业控制设备和组网。

（三）触摸屏的发展趋势

触摸屏技术的发展趋势是向专业化、多媒体化、立体化和大屏幕化等发展。随着信息社会的发展，人们需要获得各种各样公共信息，以触摸屏技术为交互窗口的公共信息传输系统，通过采用先进的计算机技术，运用文字、图像、音乐、解说、动画、录像等多种形式，直观、形象地把各种信息介绍给人们，给人们带来极大的便利。随着技术的迅速发展，触摸屏对于计算机技术的普及利用将发挥重要的作用。

三、工控机

（一）概念简介

工控（Industrial Personal Computer-IPC）是一种加固的增强型个人计算机，它可以作为一个工业控制器在工业环境中可靠运行，监控现场设备的运行状态，当现场设备出现问题在上位机上就能显示出各设备之间的状态（如正常、报警、故障等）。上位机是指可以直接发出操控命令的计算机，一般是 PC；下位机是直接控制设备获取设备状况的计算机，如 PLC，单片机。上下位机都需要编程，都有专门的开发系统，如上位机组态软件西门子 WINCC，现在改为集成软件博途，北京力控，组态王，昆仑组态等。

（二）使用环境

工控机是专门为工业控制设计的计算机，用于对生产过程中使用的机器设备、生产流程、数据参数等进行监测与控制。工控机经常会在环境比较恶劣的环境下运行，对数据的安全性要求也更高，所以，工控机通常会进行加固、防尘、防潮、防腐蚀、防辐射等特殊设计。工控机对于扩展性的要求也非常高，接口的设计需要满足特定的外部设备，因此大多数情况下工控机需要单独定制才能满足需求。工控机具有有以下特点：①可靠性：工业 PC 具有在粉尘、烟雾、高 / 低温、潮湿、震动、腐蚀和快速诊断和可维护性，其 MTTR（平均修复时间）一般为 5min，MTTF（平均无故障时间）10 万小时以上，而普通 PC 的 MTTF 仅为 10000 ~ 15000 小时。从工控机产品的技术发展来讲，"嵌入式系统""无风扇结构""机箱散热""固态硬盘""箱式""平板式"等新技术、新产品的应用，适应了自动化产品"小型化""智能化""低功耗"的发展趋势，已经大大提高了工控机的系统稳定性，也降低了制造和应用成本。②实时性：工业 PC 对工业生产过程进行实时在线检测与控制，对工作状况的变化给予快速响应，及时进行采集和输出调节（看门狗功能这是普通 PC 所不具有的），遇险自复位，保证系统的正常运行。③扩充性：工业 PC 由于采用底板 +CPU 卡结构，因而具有很强的输入输出功能，最多可扩充 20 个板卡，能与工业现场的各种外设、板卡如与道控制器、视频监控系统、车辆检测仪等相连，以完成各种任务。工控机产品的定义范畴日益扩大，甚至与商用 PC、商用工作站等其它计算机产品之间的概念区隔逐渐模糊；工控机产品除了传统的 4U 机架式工控机之外，箱式、面板式、单板电脑、嵌入式、便携式、行业专用电脑等其它工控机产品形式也得到了许多客户的接受认可和大量市场应用。④兼容性：能同时利用 ISA 与 PCI 及 PICMG 总线标准，并支持各种操作系统，多种语言汇编，多任务操作系统。

在全球经济一体化趋势下，现代电气自动化在国家经济和社会发展中占据越来越重要的地位，现代电气自动化系统逐步完善，实现系统与外界网络的连接，使系统信息能够进行综合处理能力与网络技术结合实现网络自动化和管控一体化。我们必须做到现代电气自动化产品不断创新，加大自主创新的发展力度，提供更多、更大的空间，必须做到：①现代电气自动化系统平台统一化，降低从设计到完成的时间和费用。②现代电气自动化系统结构通用化，使整个企业的网络结构应保证现场控制设备、计算机监督系统、企业管理系统之间的数据通讯畅通无阻。③自动化系统程序接口要标准化，PC 可以在自动控制和管理平台之间建立一种最好的接口。④现代电气自动化产业市场化，产业市场化是产业发展的需要，有利于资源配置效率的提高。⑤现代电气自动化生产安全化，安全系统与产品将会成为未来自动化领域的一个亮点。⑥操作人员专业化，通过专业培训，操作人员务必掌握这些技术，为应付突然出现故障及能在恶劣运行环境下专业维修，快速解决问题。使我们现代电气自动化这个行业不断焕发新活力。

第六节　现代电气自动化的无功补偿技术

随着科学技术的不断进步和发展，现代电气自动化技术应用范围越爱越大，无功补偿技术带来的问题越来越严重。在整个系统运行过程中，经常出现负荷变化大，带有谐波的现象，传统的无功补偿技术已经无法满足系统运作的需求。无功补偿技术是采用无功、负序及谐波的综合补偿方式，对现代电气自动化系统的正常运行提供了有力的支撑。为此，本节主要对现代电气自动化无功补偿技术的作用、应用及建议进行了分析与探讨。

随着现代电气自动化技术在各个领域的大量推广，大量的线性和非线性负载投入运行，使得电气线路的无功补偿不足和谐波污染问题日益严峻，给现代电气自动化系统造成了大量的电能损耗，极大的制约了现代电气自动化技术的健康发展，为了提高电力线路的运行质量和改善资源利用率，在现代电气自动化系统线路中引入了无功补偿装置，进而为保证供电系统的安全性和经济性和提高电气系统运行稳定性提供了有力保障。无功补偿装置也因其优越的性能得到了电力部门和用电企业的高度重视，并在更深层次和领域得到了推广和应用。

一、现代电气自动化无功补偿技术的作用

目前，我国现代电气自动化技术中的无功补偿技术的应用范围也越来越广，其具有的意义与作用可以分为以下几点：

提供现代电气自动化系统的稳定性，稳定系统整体的电压，最大程度的提高电网的质量与安全，并为其配置适当的调节器，提高系统的整体输电能力，为系统的整体抗干扰性。

由于高次谐波的存在经常会导致部分用电器产生局部过热的问题，通过在现代电气自动化系统中应用无功补偿技术则可以很好地避免该情况的发生。无功补偿技术通过在现代电气自动化系统中设置静止无功补偿器，来改善电网中的电压负荷，避免产生过热现象，从而达到保护电容器等用电器的目的。

无功补偿技术不论对于提高电网负载的功率因数还是大幅度降低用电设备中所需的电容量都可以起到非常好的作用和效果，从而避免造成更多不必要的经济损失。

二、现代电气自动化无功补偿技术的应用

（一）真空断路器投切电容器

这种补偿方式中电容器组利用高压母线上电压互感器的一次绕组电阻放电，一般不装设专门的放电装置。为防止电容器高压击穿，在电容器组中接有熔断器 fu 作为短路保护。为降低电容器组在合闸时产生的冲击涌流及防止电容器组与线路电感发生串联谐振，可串联适当的电抗。它能有效地对高压母线前主变压器、高压线路及现代电力工统无功功率进行补偿，并提高工厂的功率因数，而且总投资少。

（二）固定滤波器和晶闸管调节电抗器

固定滤波器按谐波要求设计，反并联晶闸管与电抗器串联，通过改变晶闸管触发角来调节流过电抗器的感性电流，使其与并联滤波器中多余的容性无功补偿电流平衡，满足功率因数要求。优点是固定滤波器长期投入，需要的晶闸管数量少，响应速度快，调节性能

好，缺点是 tcr 也产生谐波。

（三）变电站无功补偿技术

变电站是一个供电区域的供电中心，用不同电压等级的配电线路向用户供电。按照"分级补偿，就地平衡"的原则，配电线路和电力用户应该基本达到无功功率平衡，不向变电站索取无功电力。容性无功补偿装置以补偿主变压器无功损耗为主，并适当兼顾负荷侧的无功补偿。容性无功补偿装置的容量可根据主变压器容量来确定，可按主变压器容量的 10%~30% 配置，并满足 35~110kv 主变压器最大负荷时，其高压侧功率因数不低于 0.95 的要求。当主变压器单台容量为 40mva 及以上时，每台主变压器应配置不少于两组的容性无功补偿装置。

（四）配电线路的无功补偿

电力网中，配电线路数量很多，其线损约占总线损的 60%-70%。因此，对配电线路进行无功补偿，减少配电线路的功率损耗十分重要。对配电线路进行无功补偿，在美、英等发达国家得到了广泛应用。分支线路补偿法的基本原则是以分支线路的无功功率平衡为主，对分支线路的无功消耗进行补偿，尽可能减少分支线路向主干线索取无功，从而减少无功损耗：以分支线路所带配电变压器的空载无功损耗来确定分组补偿容量；选择负荷较大的分支线确定补偿点；对于小分支和个别的配电变压器，可视为主干线上的近似均匀分担负荷，可按需要确定补偿点和补偿容量（补偿空载无功损耗）。

三、现代电气自动化无功补偿技术应用的相关建议

在现代电力工统网中要高度重视对变压器、配电线路电能损耗的无功补偿，必须提高功率因数的功率值，增强供、配电系统的利用率，降低电力资源的消耗量。在安装受电端无功补偿装置时，要尽可能地减低负荷无功功率的消耗，减少配电线路的损耗，提高功率因数。这种无功功率补偿是最直接、最经济的节能减耗的方式。

在现代电气自动化无功补偿技术应用中，要加强对用户侧无功补偿的管理力度，加大对节能降耗的宣传力度。在用户群中形成对无功补偿技术的充分认识，减少用户侧中对有功功率的消耗，降低成本的投入，提高功率因数，实现对现代电气自动化系统的有效无功补偿。

在现代电气自动化无功补偿技术中并联电容器也占有重要地位。并联电容器无功补偿是为了更好地节约电能和提高供电的质量，主要方法是通过提高用电负载的功率因数，减少电力网的用电损耗，目前这种节电方式已经得到了人们的广泛认可。通过提高功率因数不仅能够减少有功功率的消耗量，还能减少无功功率的消耗量，同时还能增加变压器和电力线路容量的利用率，这就有利于并联补偿电容器与补偿设备之间的连接，提高电力功率因数。

综上所述，伴随现代电气自动化技术在多领域的大量运用，线形与非线性负载应用也

逐渐增多，进而加重了电气线路无功补偿不足与谐波污染问题，并造成现代电气自动化系统电能损耗增加，这给现代电气自动化技术快速发展造成了严重制约。为有效提升电力线路运行质量与实现资源利用率最大化，可将无功补偿装置合理引入现代电气自动化系统线路，以此提升电气系统运行稳定性。

第七节　现代电气自动化节能设计技术

在现代技术不断发展的过程中，人类社会也逐步进入到信息时代中，科技在不断的提高，促进社会朝着自动化及信息化的方向发展。对于现代电气自动化节能设计现状，要对不完善的地方进行完善，以此完善自动化控制技术，促进自动化控制技术的持续发展。在现代电气自动化工程建设过程中，要合理使用节能技术，将其作为现代电力工程核心，重视节能技术的设计，从而有效提高电能的使用效率。

对现代电气自动化节能设计技术的实际应用及具体对策研究，有利于促进现代电气自动化节能设计水平提升，进而促进其节能效益提升，具有十分积极的作用和意义。

一、现代电气自动化节能设计的意义

绿色环保与节能是当前社会发展的主要课题，尤其是随着科学技术的快速发展，在一定程度上推动了现代电气自动化工程的进步，同时也推动了电气工程领域节能减排工作的进一步发展，而节能减排也是现代电气自动化设计未来发展的主要趋势。由于现代电气自动化工程与人类生活密切相关，在科学技术发展推动下，现代电气自动化在社会各领域的推广应用越来越广泛，现代电气自动化节能设计也成为我国高新技术领域研究的重要一部分，其在社会发展中的地位和影响也日益突出。

二、现代电气自动化工程中节能设计技术所遵循的原则

（一）安全性

各行各业在开展一切工作期间，安全问题是首要考虑的因素。对于设计工作人员来说不应只重视能源的节约，还要重视电气设备的安全、稳定运转，进而保障生产活动进行的顺利，所以节能设计工作要在维持电气设备运行稳定性的前提之下进行。

（二）先进性

随着科学信息技术的发展，各类新型节能设施、节能技术层出不穷。对于此，在现代电气自动化工程节能设计工作开展期间，工作人员要结合实际的情况、设备应用需求积极引用先进的节能技术，保障电气节能技术应用的先进性和稳定性，进而实现现代电气自动

化工程能源节约效益的最大化。

（三）环保性

进行现代电气自动化能源节能的主要目的是在于不断提升能源的利用率，进而实现能源的持续节约，提升企业的竞争力和综合经济效益。对于电气工程设计师来说，在进行现代电气自动化节能设计工作时要合理筛选所应用的材料，保障材料的质量先进性以及应用安全性，最大限度减少应用材料对环境所带来的污染和破坏，实现经济效益和环境发展效益的有机统一。

（四）可持续性

随着当前可持续发展的全面深入，现代电气自动化工程能源节约的设计要和国家节能减排需求相符；对于能源的消耗、污染排放能源节约工作而言，要在前期做好相应的部署规划，以长远眼光为切入点实行可持续发展战略的应用。

三、现代电气自动化工程中节能设计技术的应用

（一）选择变压器

变压器是现代电气自动化的重要组成部分，以实现电压、电流以及功率之间的相互转换为主要功能，是现代电气自动化的主要耗能部分，即使在空载运行状态下，也会造成较大的能源消耗，因此，在现代电气自动化节能设计中，为满足其节能减耗要求，应对变压器进行合理选择和使用，以减少其能源消耗，进而提高整个现代电气自动化的节能效果。一般情况下，在变压器选择使用时应从变压器材料及其节能效果、性能配置等方面进行综合考虑。其中，在进行变压器材料选择上，需要满足对变压器制作材料进行不断优化与创新等基本要求，并且在变压器设计中应采用节约理念进行设计实现，其中铜材料作为一种优质材料，对变压器的电线与电柜需要以铜材料代替硅材料进行设计，以减少其在空载运行状态下的能源消耗影响；此外，变压器设计中能够还需采用节能设计理念，对其整体配置进行优化完善，具有良好的设备性能，才能够满足在现代电气自动化应用的节能减耗需求，促进综合效益提升。

（二）降低电能源的传输损耗

电能在传输期间由于受电线电阻的影响，通常会出现相应的磨损，即常说的线损。此时需要对线损进行有效控制，这是维持电气节约能源的关键所在。对于电气设计工作人员来说，要采取相应的举措是减少电线的电阻。首先，在选择电线时要在性能角度进行考虑，选择传输力强的电线电缆，减少电能传输期间出现的损耗情况。其次，要合理选取电力传输的架设线路。在铺设线路期间尽可能的直线敷设，以缩短电线的辐射长度。再次，要选取可保障变压器靠近负荷集中的工作区域，以缩短供电的运行路程。最后，要选择横截面大的电线电缆，以减少线路的电阻值，由此可实现节能效果。

（三）提升电力运输系统的功率因数

对于电气设施能源节约而言，功率因数是非常重要的参考数据，通过功率因数的提升可以有效增强电力运行系统之中电能的转化效率，进而减少电能的浪费。首先，工作人员可采取针对性的措施，增强用户的用电负载率。在满足系统运行需求的条件之下，选取基数较少的电动设备，利用其运转期间转矩大的特征可以产生更大电流，由此可实现工作效率的提升并减少能效的损耗，实现节能的目标。其次，可以在电力低压运行系统中安置具有实时自动补偿功能的电容柜，进而可将无功率的补偿额度降低在变压器的 1/3 处，在维持现代电力工统稳定运行的同时，有效实现节能。

四、现代电气自动化特点

现代电气自动化的技术实用性较强特点表现为当前的技术环境与条件下，随着自动化在各领域的应用实现，受现代电气自动化本身的实用性较强特点影响，在现代电气自动化设计中就是以电气工程和自动化技术为主，并且现代电气自动化也逐渐成为当前社会工业的主要发展模式，以技术控制领域中对电气工程及其自动化的应用最为广泛和普遍，通过现代电气自动化设计来实现其有关设备的调试与协同运行实现，从而形成更加科学与合理的生产工艺环节，为企业生产效率提升和工业生产力发展提供支持。因此，可以说现代电气自动化具有技术实用性较强的特点。

能源问题是当前世界经济发展所面临的共同问题，随着社会经济的快速发展以及生产规模不断扩大，对能源的需求也不断增加，然而由于对能源的不合理利用和开发等，造成全球性能源短缺问题发生，对世界经济发展都存在着较大的不利影响。针对这一情况，为促进社会经济与能源节约的同步发展，节能环保成为当前世界经济发展的重要主题。因此，在现代电气自动化设计中采用节能技术，以促进现代电气自动化设计的节能效益提升，具有十分积极的作用和意义。

第八节　船舶现代电气自动化的发展

伴随现代电气自动化技术不断的变革创新，其在船舶制造过程中获得了较为广泛的运用。在我们国家社会经济迅速发展、科技竞争力逐渐加强的背景下，船舶现代电气自动化水平必然会获得更深层次的发展，其技术同样会有巨大的突破。

一、船舶现代电气自动化发展历程

船舶现代电气自动化所指的是船舶电站自动化，其是伴随控制技术、通信技术以及微处理技术的不断发展而产生的。在进入到 21 世纪以后，因为计算机辅助设计、制造以及通信技术的日趋完善，计算机技术在机舱管理、驾驶与装货等层面有着大量运用。当前，船舶自动化已经发展成集航行自动化、机舱自动化、装载自动化以及机械自动化等于一身的多功能综合系统。此系统主要是由2个工作母站、若干工作分站以及大量分控制系统等构成，往往将1个工作母站设置于机舱控制室内，另1个设置在驾驶室内。2个工作母站单独运作、互不影响，同时互为备用。分控制系统将会按照船舶的类型与自动化水平而确定，比如：机舱监测报警、主机遥控、泵控制、电站管理、冷藏集装箱监控、液位遥测、压载控制以及自动导航等。2个工作母站以及全部分控制系统均运用高速传输技术构成综合网络系统，在网络中按照具体需求连接相应数目的工作分站，以实现在船舶主要位置针对各类设备实施监测、操作以及控制的目标。

二、我国船舶现代电气自动化技术的发展现状

由现阶段我们国家船舶现代电气自动化技术发展的具体情况而言，我国即使在船舶现代电气自动化的部分技术领域层面已经完全赶上又或是超出西方发达国家的技术水平，初步达到了全球先进水平。然而由具体细节层面而言，我们国家大多数船舶所运用的现代电气自动化技术依然相对滞后，还处在现代电气自动化过程的半自动化时期，同时正向着自动化系统高度集成的方向不断发展。船舶现代电气自动化的系统集成，不单单是较为简单地将各个系统连接起来，而是需要将各个系统间的功能经过连接以后实现共享共用的目标。也就是说，促进各个系统间的功能互补、各个方面的信息分享等，进而避免当前多岛系统的各个系统单一运用、信息独享的问题。伴随我们国家计算机技术的快速发展，已经逐步达到了应用计算机实施自动化的、全方位的控制，进而达到船舶现代电气自动化的目标。经过计算机模拟操纵，能够达到现代电力工统运行过程中的监管和判断功能。

三、船舶现代电气自动化的发展趋势

（一）系统监控综合化

因为目前电气设备已经具备了较强的功能，同时在船舶中获得了大量的运用，能够实现更加灵活的资源配置。伴随计算机技术的不断发展，逐渐达到了人机接触外表的设计标准，操作相对灵活，主菜单创建、操作便利，分类图片的转型与运行是非常灵活的，能够通过相应的软件针对各种功能进行选择，经过屏幕按钮可以直接选择。然而，按照性能需求不同的船舶在新时期的先进程度要求，然而单一的运用程序必然会逐步转向于综合监测系统，由于运用了整体监督的方式，能够形成双重又或是多重冗余，其对于加强整个系统又或是船舶自身的可靠性有着非常重要的促进作用。

（二）系统网络化

工业生产可以达到自动化生产目标最为重要的缘由之一便是总线技术与数字化技术的

运用，然而总线技术的运用，达到了各种信号线间的集成，为模块与模块之间、设备与模块之间的通信创造了标准化的信号通道。现场总线技术是一类双向的数字通信技术，能够运用于现场设备连接、模块与控制装置连接。现阶段的现场总线技术大都运用双层网络架构，第一层大多运用于收集数据和传送网，而第二层则是控制网，控制网往往运用冗余结构，以加强整个系统的可靠性。为了提升其安全性，分散风险，系统能够划分成大量的子网，例如，推进系统网、电力监控系统网以及消防系统网等等，系统的网络化设定，不但能够达到各个子系统间的功能集合，同时还能够使得分布式系统在数据收集与控制平台相互融合，并且还具备极强的主动性。如果系统控制平台当中的部分设备破损，必然会对其它设备的运行造成影响，设备冗余又或是网络冗余、不间断后备电源，在一定程度上加强了系统的生存能力。各个网络系统的整体优势便是运用高层次与数字化的自动化技术以代替最初的人工操作，推动船舶制造业又好又快的发展。

（三）智能化

航运作为运输系统的关键构成部分，其未来必然会有非常广阔的发展空间，伴随通信技术、电力电子技术以及自动控制技术等先进技术广泛运用于船舶制造领域，将会在较大程度上加强船舶制造行业的现代电气自动化水平。但是，机电一体化逐渐渗透进各个学科中，造成电子与电力、弱电和强电间的界线并不是那么的清晰，并且模糊计算技术与人工智能技术的运用拓宽了船舶现代电气自动化的控制领域，此举必定会船舶建造行业与航运事业的改革产生极其深远的影响。以中控系统为例进行分析，将会逐渐由基层电脑监控系统转向于零散型电脑监控系统，接着逐步发展到多级监控体系以及网络智能化监控系统。

电站控制系统、自动遥控系统以及远程监控系统等是船舶现代电气自动化系统最为关键的构成部门，我们国家即使可以自主制造上述各种系统，然而与欧美等发达国家对比依然有着较大的差距，主要表现为运用寿命偏低、电力产品精度不够等等。所以，国内的船舶企业还需要在加强产品实用性、规范化以及后续产品维护管理等层面增大资金投入力度，进而达到我们国家船舶现代电气自动化发展国际化、现代化的目标。

第六章 现代电气自动化的创新研究

第一节 变电站现代电气自动化设计

随着城镇化水平的不断提升，为满足社会发展对供电系统的要求，供电企业正在加强对变电站的有效建设，使其能够在整个供电环节持续且稳定的进行供电。而且随着近几年来现代电气自动化技术的有效应用，使得变电站的供电效率和质量得到有效提升，能够更好的应对各种突发状况和问题，在一定程度上推进了变电站的有效发展。所以，文章对变电站现代电气自动化设计展开相关论述，分析现代电气自动化的设计要点，同时对相关具体设计展开研究，希望对我国变电站现代电气自动化设计及应用有所帮助。

随着我国整体用电市场的多元化发展，人们对整个供电系统有了更高的要求和标准，而变电站又是供电系统中的关键组成部分，所以说加强变电站的现代电气自动化设计有助于推进变电站工作，更好地完成供电系统运行工作。现阶段我国在变电站现代电气自动化设计方面的应用仍然处于前期阶段，因此，仍有很多内容需进一步开展研究，加强对各项电气自动化技术的设计应用，使其更好地发挥供电作用，推动我国整体供电系统的稳定可持续发展。

一、变电站现代电气自动化设计概况

在变电站建设过程中加强现代电气自动化设计主要是通过对现代电力工统中变换电压、分配电能、控制电力流向、调整电压的电力设施等多个内容进行调整和设计。在对超高压电进行电气设计时一般会使用微机故障录波装置、微机线路保护、微机远动装置对整个系统进行检测，此外还会对其安装相应的实时微机监测系统、远动设备以及继电保护装置等，能够大大提升变电站现代电气自动化设计水平，为后续工作的开展奠定基础。要想正确确保变电站现代电气自动化的有效设计，就一定要充分意识其在变电站中的应用意义与价值，否则将会造成其应用不当而无法满足其供电需求，严重拉低了整个供电系统的供电水平，所以说必须加强对变电站现代电气自动化设计的有效研究和应用。

二、现代电气自动化技术在变电站中的意义

现阶段现代电气自动化技术和整个供电系统的运行有着越来越紧密的联系，所以说在变电站建设过程中加强现代电气自动化技术的有效应用能够大大提升供电运行的自动化水平，避免过多人力资源的投入而造成对整个供电系统的影响，有效确保变电站运行稳定性。

（一）有利于实现电力服务智慧化

现阶段我国变电站的建设呈现出一定的分布趋势，对于该地区的经济发展有着十分重要的作用，因为其将直接决定着该地区的供电运行稳定性，而现代电气自动化技术的有效应用能够大大提升整个供电系统的准确性。由于现代电气自动化技术的要求越来越高，变电站在处理各项问题时更加智能化，使其运行起来即便是没有人力的干预也能够提高自身运行的准确性，加强对各项错误及故障的有效修正，既确保了变电站的安全稳定性，又能够大大提升供电系统运行效率。

（二）有利于实时模拟工作开展

在变电站建设中使用现代电气自动化技术进行设计，能够实现对变电站的实时动态模拟，进而更好地了解其运行状况。通常来说，变电站有瞬时与稳态两种状态，因此，加强现代电气自动化设计技术应用能够更好地对其运行状态进行预判处理，加强对于各种技术的有效模拟和仿真，分析电气设备的运行状态，真正实现对整个变电站的有效监测和管理，不断完善和优化其运行状态。

三、现代电气自动化设计要点

（一）现代电气自动化系统结构设计

进行电站现代电气自动化设计时要加强对其系统结构的有效设计，因为一般会采取分散分布式结构，以现代电气自动化单元为配置对象。此外，整个现代电气自动化设计系统内部的结构装置具备一定的独立性，加强对其系统结构的有效设计能够更好地应对相关故障隐患问题的产生，防止因为测控以及通信网出现故障所造成的问题和影响。

（二）现代电气自动化信息的分层设计

要对现代电气自动化信息的分层进行设计，因为在开展现代电气自动化设计过程中一定要对所有一次设备与间隔层间的信息分层进行设计，这样才可以有效确保电压与电流相关设备的稳定运行。在对间隔层的信息交换设计过程中，要求对其内部的功能模块开展相关设计工作，确保机电保护装置和控制模块以及监测模块之间的信息沟通与交流。同时还要对间隔层与变电站进行信息设计。一般来说，变电站的监控系统主要是出间隔层采集将数据信息发送到监控管理机，通常主要包含以下内容：正常运行状态以及故障问题运行状态下的测量值和计算值、断路器状态、保护操作等参数状态。

四、现代电气自动化在变电站中的具体设计

（一）计算机监控系统设计

计算机监控系统设计主要从两方面入手，首先是对操纵控制方式的设计，因为整个监控系统的设定是为了适应无人值班工作的开展进行设计的，通常是根据其功能性分层进行考虑，按照集控中心、变电站控制层、间隔层等设备的功能性进行分层。由于某些环节只是检修的操作手段，所以说整体电气监控范围和区域能够根据相应的需求进行调整。此外，还要确保各个设备的运行状态、选择功能的开关状态都应配备一定的监控系统，进而加强对各个层级的有效控制。如果系统产生各种故障时则能够及时向控制中心发出警告，缩短应急处理的时间。

在系统配置方面要求控制层作为整个监控系统的关键，通常包含以下设备：远动主站、GPS对时装置、公用接口装置、打印机、主机兼操作员站以及网络系统。另外，还要对计算机监控系统的外围设备进行精简，比如去除操作员站的缓解，但是要为其预留一个便携机接口，以便后期工作需求。为了确保后期系统的升级与优化作用，在对主线图进行设计以及控制层数据库的建立时一定要从长远的方向进行考虑。

（二）相关设备的使用

二次设备的使用一般要遵守以下原则：首先在对二次设备进行安装和布置时一般采取集中式，以便监控设备室和继电器室能够结合具体状况进行分割或者合并；另外在对保护装置以及监控系统测控系统组装屏选择方面要充分进行考虑，确保各个二次设备的外形、柜体的结构以及颜色相协调；同时还要求继电器室内的系统能够集中深部安装以下几种设备：控制层设备、主变压器保护柜、测控柜、故障录波器、电能表柜、直流柜通信设备屏柜以及110kW系统，还要在室内预留出备用屏的空间；最后则要求在35(10)kW的开关柜上安装测控装置。

直流系统布置于继电器室内，不增设相应的电池室，而且电池的数量级容量也要根据具体的参数来设定。直流系统的额定电压使用220/110V，并通过单母线分段接地。其配置有：一套直流接地的自检测装置、两套冗余配置的高频开关电源充电设备、一套阀控式电池组。当然，如果变电站的规模较大也可以增设一套电池组，其容量一般为100Ah～200Ah，每组蓄电池由104只密封式的铅蓄电池构成。

交流不停电电源（UPS）系统计算机监控系统要求具备持续不停电的供电系统，因此，会使用UPS系统，该系统能够利用220/110V的直流电源为其提供相应电流而不自带电源，能够使用模块化的N+1冗余配置，确保每套的电池容量在3kW左右。在具体应用中应结合容量要求进行安装。

整个图像监控系统的目的在于可以实现便捷化的管理，对于出现的问题能够及时进行发现并解决，确保系统设备的稳定运行。一般来说该系统设备需遵循以下原则：需要在变

电站工作区域周围安装远红外线探测器与电子栅栏，在各大主控楼以及大门配置摄像头；同时对于各个配电设备房间内部也要安装摄像头，确保整个变电站的防火、防盗以及安全性，能够在出现险情时第一时间将其传输到控制中心。

五、变电站现代电气自动化技术的发展趋势

随着当前科技水平的不断提升和各种新型技术的研发与应用，使得现代电气自动化的应用前景更为广阔，尤其是在变电站系统中的有效应用为整个供电系统的运行带来了新的可能性。而且随着电子计算机技术、数字化技术及互联网技术的不断完善和优化，现代电气自动化技术和变电站的融合将会更加深入，进而有效推进变电站科学合理的设计、规划等工作的开展，确保变电站能够大大提升其自动化水平，完成一系列相关操作，保证整个变电站供电系统的安全性与稳定性。

总体而言，在变电站运行过程中，现代电气自动化技术有着越来越关键的作用，因为该技术的有效应用可以大大提高变电站整体运行的安全性、可靠性，此外，还能够使变电站为整个社会的发展提供全方位智能化的针对性电力服务，进而达到供电系统的可控化与自动化。而且随着整个社会对供电需求的不断提高，变电站在整个供电系统中有着十分重要的作用，因此，必须将其摆在十分合理且关键的位置，通过开展一系列相关研究和分析，不断提高现代电气自动化技术在变电站设计中的有效应用，最终确保整个社会供电系统的稳定运行。

第二节　建筑现代电气自动化技术控制

随着国民经济的快速发展，电力自动化技术在现代建筑中被广泛应用。本节探讨了自动化管理系统的优点、设计和功能分析、在自动化管理系统中开发的自动化系统、建筑管理系统的应用特性以及建筑管理系统的概念。

随着我国建筑高度的提升，电力、水、火等电气系统的管理已成为现代建筑发展的主要障碍。在这种情况下，智能建筑设计，基于对自动化的技术支持，经历了发展和应用的时代。

一、自动控制系统的好处

自动控制技术戒备森严。对每个项目来说，安全的基础，特别是相对高的电气风险，是非常重要的，因为在过去，错误的工作人员，机械故障导致安全，因为事故发生时，在电气工程中使用自动控制技术大大提高了建筑的稳定性。在施工管理过程中，首先将电气指令送到系统，然后将系统设备发送指令，因为所有的设备是唯一错误代码，和概率非常

低，提高精度和工作技能，具有良好的协作能力，系统可以利用反馈控制信息交互系统，有效保证控制精度和工作效率。除了这些优势外，自动控制技能很容易被控制。因为电工大楼工作了一整天，工作人员的心理疲劳，然后忽略了一些系统故障，而传统的管理方式很难用自动化的控制系统来监测系统的性能，非常好地解决了这个问题，提高工作稳定性，降低失败的可能性，权力非常高。

二、建筑工程电气控制系统的综合和功能分析

（一）自动控制系统组件分析

一般电机械自动化的主要控制电路主要由以下组成：短路和过载由熔化电线、电压损失线圈、电压调节器模块、热力继电器和整流器。温度、压力、通量、液面转换为电流信号，以及设备信号路径上的数字信号；自动控制系统主要是自动控制单元，但仍有需要手动控制的系统，所以要使电路自动和手动切换；在完美的系统中，启动和制动过程必须同时存在，系统必须安装刹车链并阻止它们。同时，还应确保自动锁定和锁定，使设备安全运行。

（二）建筑工程电机自动化管理系统的主要功能

电气工程是建筑工作的重要组成部分。一般来说，为了实现完全自动化，需要实现以下功能：自动控制、监测、保护和显示设备的各种功能；测试和显示设备运行参数、趋势变化和历史数据；及时处理可能发生的事故和事故。结合设备的工作条件，使其达到最佳功能，并提供统一控制、协调和控制建筑的电气机械设备，以便自动化。

三、建筑发电站自动化应用特性分析

（一）建筑电网全方位监控自动化

建筑自动化完成了对设备和系统工作过程的有效监测。特别是在更大功能的高楼建筑中，电自动化由几个组成部分、结构系统和复杂功能组成。因此，在传统的操作模式下，盲点经常出现，导致故障。现代技术可以有效控制整个建筑实时系统通过数字信息，控制中心发出指令，可以快速传递信息，每个系统回应他们可以归还管理中心，然后迅速高效、连续和现实目标管理可以完成。

（二）系统中的自动化应用

建筑发电厂的自动化大大提高了粘附功能。自动化技术不仅融合了安全、消防、通风、照明等系统。

（三）安全地区建筑发电站自动化

高度自动化的电力自动化是非常有效的。由于高水平的自动化系统本身也有一定的危险，无论是设备问题、操作不当还是环境变化不佳，它们都可能对整个系统的安全构成重

大风险。这种自动控制技术可以大大改善整个系统与这些不利异常的快速有效反馈，而且可以采取远程控制的形式，大大减少系统控制和服务人员出现的各种不可预见事件造成损害的风险。

（四）建筑发电站自动化用于数据计算

建筑发电厂的自动化可以提供更详细的数据和更精确的会计。自动化系统可以集成其操作过程、问题解决等数据。创建一个越来越精确和详细的数据库，提供关于后期优化程序的可靠信息。此外，现代建筑中安装的电气化设备大多可以进行联网协同，然后可以在计算机系统中心对各个设备的工作运行状态进行控制，任意改变设备的启停状态。同时电气设备的现场控制器与计算机系统中心随时进行数据交换，互动测得的诸如温度、流量、压力等信息的动态趋势图，可监视设备的工作状态和报警原因。若有报警发生，控制中心可以做好紧急保护工作，在显示屏上调出发生地点的监控屏幕，了解现场情况，指派工作人员进行处理、维修等工作。

四、建筑现代电气自动化控制系统的设计构想

（一）采用集中监控

在建筑现代电气自动化控制系统的规划中，可以采用集中监测的方法，使设备的保护更加全面，集中监测方法的选择使规划过程更加简单。采用集中监控的方法，将所有设备置于同一监控系统下，对所有电气设备进行全方位、全天候的监控，确保设备的安全运行。此外，集中监控的方法还缩短了电缆间隔，使整个系统运行稳定。同时，操作人员应按计划的工艺操作，避免操作失误影响设备的工作，从而形成经济损失。

（二）使用远程监视模式

目前，远程监控方法越来越多地应用于自动化监测系统。监测方法是低成本和方便的数据传输。然而，远程监控方法有一些缺陷，如通信缓慢、电容不匹配，这在一定程度上影响了监测的效率，使监测设备无法有效监测。因此，远程监控方法不适用于大型设备监控。为确保设备正常运行和监测结果，应努力提高建筑的电气机械自动化管理水平。

（三）干线监测状态

主干线是一个通信网络，通过连续连接和自动化智能设备系统向两边传输。此外，自动化的现代电力工统必须具有开放和高度分散的技术特征。随着网络技术的发展，以太网、野战轮胎等技术被广泛应用，智能电气设备也在迅速发展和广泛使用。

自动化的建筑电机管理是未来发展的趋势，在这一趋势中，建筑电厂自动化系统的设计者必须根据建筑设计的实际需要考虑每一个设计阶段，以促进中国健康稳定的发展。在不断发展的建筑机械自动化技术中，需要增加其技术资源，不断提高自己的技术水平，以提高建筑质量，并尝试建立一个高科技自动化电线管理系统。

第三节　现代电气自动化系统防雷措施

随着时代的发展，现代电气自动化技术的应用范围也越来越广，如现代电气自动化系统能够应用于各种水利设备的控制与监控系统中。但在现代电气自动化系统的具体应用过程中，为了确保安全，加强防雷技术的应用也十分必要。本节对现代电气自动化系统防雷措施进行分析，希望能够为有关单位提供参考。

现代电气自动化系统的具体应用过程中，可能遇到多种因素的影响，如空气环境影响、雨水天气影响以及雷击影响等。对此，有关企业的生产发展过程中结合现代电气自动化技术的应用时，应考虑多种影响的因素，并采取相关有效的措施，进而保障现代电气自动化系统的稳定运行，以能够确保企业的生产发展健康。在众多影响因素中，雷击影响是最为严重的影响因素，因此，这就需要企业采用科学合理的避雷措施，以形成现代电气自动化系统的保护，使其能够可靠的运行，进而能够为企业创造更多效益。

一、水利工程现代电气自动化系统防雷的必要性

水利工程建设在促进地方经济发展和社会进步方面有着不可替代的作用。在我国的很多地方都建立起了不同规模和等级的水利工程，并且地方政府在水利工程建设当中也都投入了巨资，这些水利工程大都是建设在一些较为偏远的山区和林区并且这些区域的地势落差都很大，水利设施就是借助这些地势落差的优势来进行发电和蓄洪的，但是这些地区也是雷电的高发区域，因此，水利工程现代电气自动化系统在运行过程当中很容易会受到雷电的攻击，进而造成设备运行出现异常或者是瘫痪的问题。

二、雷击类型

（一）直击雷

在自然界中直击雷是一种破坏性极强的雷击类型，它会直接作用在人或者是牲畜的身体上，给人或者是牲畜造成致命的伤害，因此必须要给予重视。当直击雷在云层当中形成后，会通过地面较为突出的物体进行放电，如果直击雷把放电目标放到自动化设备上，那么直击雷所产生的电流就会沿着金属物流向地下，在地下产生巨大的地电压，从而将破坏力最大化。

（二）球状雷

只要是雷雨天气就都有可能会形成雷击现象，而球形雷大都形成在雷暴天气当中，并且还会发出非常刺眼的红光或者是白光，形态就像个火球，如果水利工程有烟囱、门窗通

道或者是细缝等情况时，球形雷就会借助这些媒介进入到水利工程的操作中心，进而破坏水利工程自动化设备，因此相比直击雷球形雷要比直击雷更加危险破坏力更大。

（三）雷电侵入波

雷电攻击会产生大量的电流，这些电流可以通过地下传导的形式进行释放也可以通过输电电线或者是金属管道被传导至自动化设备当中，但是雷电电流在被传导到电气设备过程当中电气设备的绝缘性能会被大大削弱甚至是消失，当中电流在高压与低压之间流通时就会很容易发生触电事故给水利工程企业造成巨大的经济损失。

（四）雷电感应

雷电感应最为常见的类型有两种一种是静电感应，一种是电磁感应。雷电感应是雷电与导电物体之间形成的一种化学感应。当雷电与自动化设备的金属物件发生感应时就会出现火花或者是火球，进而给自动化设备造成不可逆的损害。静电感应产生的前提是地面必须要有突出的物体，突出地面的物体通过感应到雷云释放出来的电荷，从而与雷云形成相吸的状态，地面突出物体的电荷在雷云的吸引下会脱离开物体原有的束缚和雷电电波一起进行传导并流窜出来，这个过程就会给现代电气自动化设备造成破坏。

三、现代电气自动化系统的具体防雷措施

（一）采用接地与屏蔽的防雷方法

接地防雷措施是指采用接地线的方法，通常情况下，当接地电阻值越低时，其防雷效果越好。因此，在使用这种方法进行现代电气自动化系统设备的防雷施工时，应尽量将接地电阻值控制在最大值范围内，以能够有效的形成对现代电气自动化系统设备的保护，使其能够在极端的环境下保障安全，进而发挥出大作用。

（二）采用瞬态电压抑制器

顺态电压抑制器是指一种 TVS 管的应用，这种 TVS 管实际上是一种二极管。电气化设备的避雷系统安装过程中，利用这种设备材料便能够将雷击产生的高电压，在 10 ~ 12 秒内，将高抗组转变为低抗组，通过这种形式便能够将雷击所产生的浪涌功率转化，使其被消耗，进而实现对现代电气自动化系统的保护。这种方法在具体的应用过程中，其效果较为明显，且能够取得较为良好的保护效果。对于一些微电子设备而言，采用这种方法能够发挥出更好的保护作用。

（三）采用三合一防雷器

三合一防雷器主要是指对电源、视频线路、控制线路的防雷保护设备，这种防雷设备具有功能性强、组合性良好的特点。其原理即采用多级串联结构，串联一些设备元件，以能够承受较大的雷击电量负荷，形成对电气设备单位的保护。基于该设备的功能性特点，一般多由于室外现代电气自动化设备的保护，如各种监测设备。另外，这种保护设备也可

以应用于对室内现代电气自动化设备的保护，如室内电视等设备。

（四）采用综合措施进行防雷

雷击的情况下，雷击可以从多个角度造成电气设备的损坏，因此，在构建现代电气自动化防雷系统的过程中，应不局限于单一的防雷技术，而是采用综合性质的防雷措施，以提高对电气设备的保护等级，确保其在雷击能够安全可靠的运行。在实际工程中，可以以接地与屏蔽措施为基础，在个别设备上加以辅助其他措施。

综上所述，现代电气自动化系统即电气设备的自动化运行，企业采用这种方式进行有关项目的生产制造，不仅能够提高生产效率，同时也能够使企业获得更多利益，进而推动企业的发展。但现代电气自动化系统的具体应用过程中，也面临着雷击现象的威胁。对此，为了保证现代电气自动化系统的安装建设能够保障运行稳定，施工单位还应该加强对一些防雷措施的了解，以能够确保现代电气自动化系统的建设质量，为企业稳定的发展提供基础保障。

第四节　工业现代电气自动化仪器仪表控制

自动化仪器仪表控制技术的发展，是信息时代下智能化电气生产体系当中的必然诉求，对于工业环境来说，现代电气自动化发展的影响作用更加巨大。本节将从工业现代电气自动化发展的角度，对目前国内工业环境中现代化仪器仪表的应用类型和应用方式进行总结，同时结合工业生产的特点，对现代电气自动化仪表的控制方案和控制策略进行分析，帮助工业生产提高自动化监控水平和能力。

科学技术的发展和创新，带动了传统行业的快速发展和高速推进。工业现代电气自动化是国家工业水平现代化发展的代表和标识，对于工业生产来说，自动化仪器仪表的应用除了能够帮助生产环节节省时间、提高效率，同时还对工业生产单位今后的发展和创新奠定了重要基础。因此，对于工业生产来说，现代电气自动化的发展水平将直接影响其未来发展道路，各生产环节需要加强对于自动化能力的管控。

一、工业现代电气自动化仪器仪表的主要类型特点

在工业生产环境当中，工业现代电气自动化的建设主要以开展监督和生产现场实际环境调控为工作目标，目前工业胜场当中常见的现代电气自动化仪器仪表主要半酣电流仪表、电阻仪表以及电感、电容等仪表设备，这些设备在实际应用中能够精准地对工作生产的各个环境进行数据监控，并借助自动化技术来式实现规范性生产。为了实现技术突破和技术创新，现代工业生产当中所采用的各项仪表主要以电磁流量、超声波等监测方式为主，相比于传统仪表设备，现代电气自动化仪表无论在监测还是在管理方面，都具有极高的应用

优势和应用价值。

在现代工业技术的自动化控制领域，工业生产当中常见的自动化仪表设备主要依托探测器现场信息采集和数据分析处理两个环节来实现全面控制。信息技术的影响下，现代电气自动化仪表控制策略得到了进一步的发展，控制中心平台能够以数据真实分析和数据统计作为前提，对工业生产的现场数据变化情况、环境情况、变化规律进行判断和预估，并以合理范围作为分析方式，对工业生产情况做出处理。例如，在工业生产当中，环境温湿度、光强情况等，都是生产安全的重要考量范畴。现代电气自动化仪表控制需要以标准生产环境作为对比，完成信息采集和超标信息预警，全面控制生产环节，避免出现安全问题。

二、现代工业生产中的现代电气自动化仪表控制方案

（一）控制策略选择

现代电气自动化仪表的控制方案依托信息技术条件下的信息获取和信息处理实现技术突破，因此，控制平台在进行控制管理时主要根据信息来源和信息的获取方式进行控制方案的区分。目前工业生产当中，现代电气自动化仪表仪器的控制方案主要分为集中控制和远程控制两种策略，控制管理人员需要根据生产现场需求进行甄别和选取。其中集中控制方案主要依托现场控制策略，实现对现场的实时、可视化的监控，对于现场问题和生产疏漏的识别更加准确，能够率先完成异常状态下生产督导和问题处理，从而发挥控制优势。但是现场管理方式对于现场环境要求较高，同时需要消耗大量处理时间。远程控制方案主要依托传感器和总线信息传输两种方式，通过远程平台完成对于现场监控。在现代信息技术应用下，远程控制方案也可以完成实时监测和实时数据比对分析，为自动化仪表控制便捷性和高效性提供了保证。同时对于部分生产现场过于复杂、危险性极高的工业生产环节来说，远程监控方式能够有效降低风险损害，提高生产安全性。

（二）现代电气自动化仪表的控制流程

最为常见的控制运行流程为调度段运行，这种运行方式能够对现代电气自动化仪器仪表的运行数据信息进行动画模拟没从而完成控制。在工业生产当中，动画控制能够与自动化系统相互结合，同时借助网络存储将相关的运行信息和处理信息存储到指定位置，为今后生产控制策略提供数据支持。此外，调度段运行当中，还需要结合网络服务系统，利用网络分析程序，实现数据信息的实时共享。

部分生产环境当中，由于工业远程控制的需要，在自动化仪器仪表控制方面需要选用RTU控制流程，该控制流程主要依托远程终端实现实时控制。控制人员需要借助设备操控，完成对于实时自动化仪表信息的处理。其数据内容需要经过信息采集板以及AID进行采集和信息转换，帮助终端完成信息搜集，实现远程的控制和协助。

三、现代电气自动化仪器仪表控制发展的未来展往

（一）智能现场监测

工业生产现场环境的监测和分析是现代电气自动化控制策略的核心要求，在以往的工业生产领域当中，为了能够完成对生产环境的监测，一般现代电气自动化控制系统主要选用温度传感器、烟雾传感器等传感器类型，这些传感器在实际应用中，需要依赖控制环境和传感器设备自身运行的精准性，提高控制能力。而在未来的信息采集技术发展当中，传统的传感器类型将会与终端单片机进行连接，实现数据共享。单片机微处理器则可以依据现场环境对传感器运行方式发出相应的指令。智能化现场监测技术的发展将改变原有传输、测量失准等诸多问题。

（二）自动化保护程序

现代电气自动化仪表仪器的控制策略选用的目的，在于保障工业生产现场的安全性和稳定性。在以往的控制方案应用当中，终端控制策略仅仅能够通过对信息的采集和分析，实现基于生产现场环境的识别和预估，事实上无法完成对于工业生产方式和生产模式的转变。因此，生产过程中一旦发生危险问题，控制系统仅仅能够做出快速的识别和响应，引导管理人员对故障问题、危险问题加以处理，因此效率低下。在未来的发展当中，控制系统将会以风险监测和自动化保护为发展方向，工业生产当中电流、电压等设备失控是最为常见的风险问题，因此在控制系统建设当中，需要引入自动化控制设备，利用快速风险识别等方式，完成对于现场电气合闸、分闸等操作，快速切断故障电路，避免故障问题扩大化造成危险。

综上所述，现代电气自动化仪表仪器的控制和管理，是目前工业生产领域当中现代化发展的重要方向。在未来的技术创新当中，工业生产将依托现代信息技术和大数据技术，实现远程监控管理能力的全面突破，进而使自动化仪表仪器管理能力得到大幅度提高，为工业生产现场监测提供服务。

第五节 智能建筑现代电气自动化设计分析

现代社会建筑智能化水平逐步提升，各建筑子单元或者系统之间借助互联网科技和计算机技术实现互联、互动、互享功能，其中现代电气自动化系统设计在智能建筑中具有重要地位。研究中结合智能建筑现代电气自动化设计需求及其功能，分别对智能建筑各子系统中现代电气自动化设计应用进行论述，期望为相关技术人员工作中提供一定理论参考。

智能化建筑结合了现代化计算机网络技术，对整个建筑结构系统的使用功能和设备管理进行优化，进而满足使用者和社会发展的需求。智能化建筑之所以能够突飞猛进的发展，

得益于各个建筑子系统中自动化技术的应用，其可以借助新型传感器技术，以互联网技术为媒介，为建筑用户提供全方位的生活、工作等服务。现代电气自动化技术利用先进的电子元器件，结合电工技术和计算机网络集成技术，为智能建筑的发展注入动力，因此现代电气自动化技术设计在智能建筑中应用意义重大。

一、智能建筑现代电气自动化设计需求及功能分析

（一）系统需求

随着可持续发展理念的提出，建筑设计理念也随之适应，在当前网络信息技术和计算机信息技术高度融合发展的科技时代，智能建筑需求更符合我国社会发展理念。节能环保、实用等成为智能建筑发展的主要特点。随着智能楼宇系统中自动化技术的应用，例如，建筑给排水、空调系统、照明系统等，均使用了现代电气自动化设计。从智能建筑现代电气自动化设计需求分析，主要涉及以下几方面：首先，针对办公区域，应提供舒适可控的办公环境；其次，应发挥节能控制的作用，有效降耗，提升智能建筑各子系统的管理效率；最后，可在照明系统中设置不同场景的光照强度，可提供舒适的照明服务且实现高效节能。

（二）功能分析

其一，智能建筑现代电气自动化设计可实现系统自动控制，实现系统设备的自启动、自关闭，并将实时的运行状态反馈给用户；其二，现代电气自动化系统可直接显示各建筑子系统运行参数及运行效率，同时可提供数据存储功能；其三，可针对某部件、结构或者系统故障进行整体运维管理，并进行自动处理故障，避免故障的进一步扩大化。

二、现代电气自动化设计在智能建筑各子系统中应用

智能建筑是集结信息化、自动化与建筑技术的新型建筑结构系统，其传递的是健康、信息化、便捷化、节能化的建设理念，使得无论在建筑办公、生活等其他功能中都可实现自动化和节能化。

（一）中央工作站系统

在智能建筑中央工作站系统中，其作为现代电气自动化设计的中心环节，可实现实时监测、数据运算及存储功能。在中央工作站系统中，其主要的应用设备包含有计算机主机、打印机、显示器等组件，借助以太网实现连接并传送各系统的数据信息，可在工作人员之间进行信息互享。

（二）智慧建筑给排水系统

水泵、高位水箱和气压罐是主要的三种建筑给水方式，而建筑排水则应用重力流直接排出，可设置泵房，借助动力流进行排出。借助现代电气自动化技术，可以实现在缓冲池内设置对应的液位传感器，以智能化的显示最低报警水位。同时，还可借助设置的水压传

感器，实现给水压力按照实际用户需求水量进行自动调节与控制。如果在检测的过程中，发现建筑给排水系统运行异常，现代电气自动化控制系统会自动发出警报，如建筑给水系统选择是的高水位箱技术，则需要借助 DDC 检测法完成给水及其相关工作。

（三）照明控制系统

照明用电量较多，因此要想在智能建筑照明系统中保障照明系统运行质量，达到节能化设计是智能照明系统现代电气自动化设计的根本。在智能建筑照明系统中，其现代电气自动化设计主要借助于计算机技术、网络技术等进行辅助，自动控制现代电力工统的关停状态，并可按照实际功能需求，提供远程照明控制等，可针对单个照明系统的控制，也可针对多个照明系统控制，例如，建筑走廊、建筑室外照明系统等，并技术上传故障信息，减少故障检测成本，实现人力资源的高效管理。

（四）通风与空调系统

建筑空调系统主要可实现热源供应，冷源供应等，并有效的实现室内空气的净化，达到去除室内控制污染物的目的。通风系统按照使用功能进行划分，可分为局部和全面通风系统，依靠现代电气自动化设计，可实现空调系统及设备的启动与关闭的智能化，同时还能够自动化实现冷风机组的开启与关闭的数量。此外，热水控制系统可以借助空调控制模块，完成热水出口的热交换，并可借助监控系统合理的空调系统中的温湿度值及开关状态的变化。

（五）变配电控制系统

变配电控制系统是智能建筑设计的重点，从而防止突发停电状态。智能建筑的变配电控制元件主要包含有：现场管理控制器、传感器（温湿度传感器、压力传感器、电力流量传感器等）、执行器的主控元件。此外，在变配电控制系统中的现代电气自动化控制及设计中用户的使用参数，可根据数据的读取、修改等操作，为了实现高效的节能效果。当变配电控制系统中主站发出信号及指令的过程中，应依靠抄表数据、实时电力检测等，进行数据的采集、上传和分析，从而高效控制智能建筑现代电气自动化设计。在实际的变电控制系统管理中，应以现代电力工统的稳定为主，加强用电监控措施，增加电量的实时检测与管理工作效率。

其次，视频监控系统中相关的数据信息的采集，如视频信号的采集等，可以借助 Windows 的接口，顺利完成视频数据及信号的采集工作，此外，还可以借助 H264 实现视频压缩功能，进而对采集的视频数据及信号进行压缩编码制作，从而实现视频信息及数据的自动存储，供随时调取观看。

综上所述，建筑物使用过程中的能量消耗在社会中总能耗占据较大比例，因此结合节能设计、环保设计等进行智能建筑现代电气自动化技术的发展及应用，但是通过对智能建筑的现代电气自动化技术设计的过程中，应充分的结合智能建筑的需求和技术发挥，详细的分析照明系统、电力配电系统、给排水系统中自动化设计。鉴于此，本节首先从智能建筑现代电气自动化设计需求及功能分析，提出了智能建筑各子系统的现代电气自动化设计措施。

第六节　现代电气自动化中 PLC 技术

随着我国经济、科技水平的提升，现代电气自动化技术也取得了令人瞩目的成果。作为一种最新研发的技术，PLC 技术凭借其控制效果好、操作简单、能耗低以及灵活性强等优势，极大地提升了现代电气自动化整体运行的稳定性和工作效率，使得现代电气自动化逐渐向设备一体化、集成化、智能化趋势发展。本节介绍了 PLC 技术的概念及技术特点，重点对其在现代电气自动化工程中的应用展开了深入的分析，以供参考。

PLC 即可编程逻辑控制器，是一种数字运算的电子系统，作为控制技术的整合，一般应用于整个系统的处理器。该系统具有可编程的特性，通常适用于工业环境，在运行适应性和运行能力方面具有显著的特点。现代电气自动化系统中 PLC 技术的应用已经十分广泛，且取得了新的突破进展和业绩成效，并形成工业操作体系，确保了现代电气自动化的平稳安全运行。随着其技术的不断升级和优化，还需对其进行展开专业性的应用分析，不断总结应用实践经验，确保控制开关逻辑的顺序性和正确性，这样才会促进 PLC 技术取得新的社会价值与成效。

一、PLC 技术的概念

PLC 技术就是一种可编程的控制器，即是在编程操作后，应用能够编程的存储器来做到要求的指令，控制技术是此技术的核心技术。近年来，我国企业能力与社会经济同步提升，电气工程自动化运行稳定可靠，这其中离不开 PLC 技术的支撑和保障，而且对于推动电气工程的整体良性发展起到了至关重要的作用。PLC 技术主要依靠存储器设备，进而对编制的程序进行存储，并以此为基础开展相应的工作。通常而言，相应内部程序在电气工程当中占据不可替代的地位，而 PLC 技术可以对其进行科学合理的存储，通过应用 PLC 技术可以达成对检验流程和实际操作的持续优化。与此同时，合理应用 PLC 技术，还可以加快数字化技术与智能化技术的融合，有助于相关工作高效开展。

二、现代电气自动化中应用 PLC 技术的优势

PLC 技术主要建立在 PLC 控制系统基础之上，能够带来可靠性和抗干扰优点的稳定性能。相比于其他技术，首先 PLC 技术的安全性能独具优势，比较能够适应各种特殊复杂的压力和环境，很少会受到外界客观因素影响。其次，PLC 在控制系统中拥有较决的反应速度，且它将控制系统中原有附带的机械触电继电器更换为辅助继电器，摒弃了控制系

统中的连接导线部分。换言之，可以将继电器节点变位时间视为 0，此时不再需要关注传统继电器返回系数，保证 PLC 控制系统响应速度可实现大幅度提升。最后，PLC 不易出现故障，即使出现故障也能在较短时间内决速诊断出来，这主要是因为 PLC 控制系统本身是具备故障诊断功能的。当它的外部执行器及输入设备发生故障以后，它会根据 PLC 系统编程软件提供相应数据信息内容，调查故障出现原因并加以解决。

三、PLC 技术在电气工程自动化控制中的具体运用

（一）顺序控制中的应用

随着当前 PLC 的相关产品的升级和更新，PLC 技术在应用当中所存在的优势也逐渐显现出来。在很多行业当中都是将其作为顺序控制的一种系统，以此来对系统自动化顺序实现合理的控制。比如，在火电厂当中，完全可以借助和采取 PLC 技术达成对飞灰或者炉渣的智能化清除。在这当中，对于 PLC 技术可以当作自动化顺序器的作用。

（二）控制模拟量中的应用

在现阶段我国现代化工业生产中，现代电气自动化相关参数存在大量的模拟量，例如：工作环境变化、温度变化、速度变化、旋转速率变化、压力变化等，要想对模拟量达到个性化和自动化控制，还需引入 PLC 技术，利用 PLC 适用性强，功能完善的特点，依托 PLC 的 FROM 指令以及 TO 指令对控制目的单元进行设定。编写控制代码基于正确的输出接线和电压电流输出，控制目的模拟量得变化。引用 PCL 技术有助于在现代电气自动化中便捷控制相关变量，解决传统电气设备运行过程中无法对模拟量控制的不足。同时基于数字化控制大幅提升模拟量与数字化的转换效率，全方位提高了其自动化控制精度和进程。

（三）闭环控制

众所周知，现代电气自动化运行过程中，常常会牵扯到电机的启动行为，而且不可避免，这就需要经常应用自动启动、机旁屏启动、手动启动。而电气工程自动化 PLC 技术的核心在于能够实现闭环控制，与 PLC 技术的闭环控制相关的技术包括电子调节单位、转速测量、电液执行。该部分环节衔接紧密，不仅可以实现对调节器有效控制，还可以促进转速测量的合理进行，并做好泵机运行状况的数据采集工作，确保为选取合理的备用泵提供助力。

（四）数据处理中的应用

PLC 数据处理在现代电气自动化中主要包括数据传输指令的应用、数据比较指令的应用、数据位移指令的应用、数据运算指令的应用、数据转换指令的应用和数据表指令的应用。在现代电气自动化中，数据的处理表现尤为重要，数据的处理能力体现了自动化水平的高低。引入 PLC 技术，利用移动数据储存单元的移出端与另一端相连，构建循环数据

位移路径依据整数运算指令进行逻辑运算，完成数据类型的相互转换，最终为数据处理及现代电气自动化推进带来技术保障。

总而言之，PLC技术具有抗干扰强、高度灵活性和可靠性等诸多优势，不仅会提升控制系统的反应速度，而且还会推进电气控制工程的智能化。为此应该在现代电气自动化控制系统的应用中，不断加强研究、分析和推广，进一步提升可信度与抗干扰性能力，促进现代电气自动化稳定运营和长足发展。

第七节　机械设备现代电气自动化技术

随着国内外机械设备技术的不断进步，机械设备领域的自动化制造水平得到了提高。在这个过程中，充分利用自动化技术，不仅可以有效地减轻工人的劳动强度，提高劳动生产率，提高产品的质量。本节对机械设备现代电气自动化技术的相关情况进行了详细分析，具有一定的参考和借鉴性意义。

近年来，随着科技的不断发展进步，现代电气自动化在工业生产中的应用越来越广泛，其在提高劳动生产效率的同时，也为企业带来了更高的经济效益。在智能化、工业化、现代的发展趋化势下，需要现代电气自动化来带动工业的发展，只有合理的利用现代电气自动化才可以提高企业的生产率，有效地提高社会经济效益，促进现代电气自动化技术在机械设备中的快速发展。

一、机械设备电气化自动技术的主要概述

随着我国建设速度的提升，我国网络技术也在经济、社会、环保的效益上进行有效的提升。面对机遇和挑战，为了保证机械现代电气自动化技术尽早的完成标准化的合理应用，就应在自动化的程度上进行实现有效的提升。并在此基础上，根据自身的实际情况，有针对性的优化工作环境，减少企业成本。与此同时，还可以促进安全生产管理水平的提升，提高机械生产的效率。

机械现代电气自动化从结构上看，主要分为自动化软件、自动化硬件、自动化系统几个部分。在此基础上，更具有全新的设计思路与理念，并在自动化系统的思维方式上，实现有效的创新，提升生产效率。例如，如果根据实际情况需要现场总线利用一连串自动化系统的形式，进行智能化设施通讯总线的生成，这就需要功能的智能升级，以此来提升企业经济效益和生产效益。因此，利用各种创造性的手段，不仅可以减少企业目标还可以减少生产效率之间得冲突，还可以实现本质意义上的目标展现。

任何行业的发展都离不开创新的思维，现代化机械设备的构建也不例外。在自动化的系统中，机械现代电气自动化技术是社会进步的基础，同时也展现了简单、快捷和方便等

优势。不仅如此，接口的需求也上升了一个高度，并在工业化的进程中，实现了有效的统一。从本质上看，机械设备自动化技术是机械构建中的重要一步，并与现代化网络、现代化计算机紧密的结合起来，促进了工业的另外一次飞跃。机械设备现代电气自动化技术的提升不仅可以提升企业竞争力，还可以在一定的程度上，提升国际竞争力。

科技的进步离不开自动化技术的铺垫，是生产力进一步发挥的结晶。不仅如此，自动化设备的构建和开创中，还可以创造出更为精彩的创意性产品，并达到人们的社会及其生活需求。从目前的形式上看，自动化设备的不断发展，在操作的过程中，可以更加直观的分析出工作的质量、细化工作的时间。不仅如此，机械设备自动化技术也在潜移默化中不断向着智能化的方向进行发展，同时也向着精细化的方向进行拓展。在安全的基础上，设备自动化的发展可以提升生产的速度与工作的合理性。总而言之，这一切都是在计算机的发展中进行良好的发展事态的。

二、有关现代电气自动化技术在机械设备中的应用

装配自动化。从机械设备的装配自动化技术来看，要根据先关的自动化奇技术规定，借助其搬送、调整、检查机连接等进行相关的操作，将现有的几何零件连接成相关的组建、套件、部件及产品的工艺流程，这是机械设备制造过程中重要的部分之一，也是机械设备制造过程中的最终流程，通过装配自动化技术保证机械设备的质量，而且在很大程度上解决了机械设备的最后质量。从机械设备装配自动化技术来看，要深入的探讨自动化技术代替人工技术以及判断机械设备工程的整体性，机械设备装配自动化技术在很大程度上影响了机械设备的质量、生产过程综合化以及机械设备生产效率。因此，从机械设备自动化来看，机械设备装配自动化技术是非常重要的战略目标。

现代电气自动化在电网调度中的应用。随着现在社会对于电量的需求量不断地增加，电网调度的自动化系统也就主要应用了现代电气自动化技术，这样的使用不仅可以增加数据的精确性，还可以减少人工的劳动力，同时也减少了由于电力带来的危险性。电网调度的自动化系统主要由软件和硬件两部分组成，软件是指计算机网络系统；硬件是指工作站、中心服务器、显示器等各种操作设备。简而言之，电网调度的自动化是指利用计算机网络系统对电网中的各项业务进行监控和调度。利用区域现代电力工统网络，将变电站、发电厂、调度中心、工作站等终端联系起来，对其进行自动化的调度。

现代电气自动化技术在水泥生产机械设备中的应用。水泥作为房地产行业需要的重要材料，受房地产行业影响较大。近年来，房地产行业的火热发展拉动了水泥行业的快速发展。水泥生产企业逐渐引入现代电气自动化技术，旨在提高水泥产品的竞争力，减少劳动力进而降低水泥生产成本，提高企业水泥生产效率，帮助水泥企业在激烈的水泥市场竞争中占据一席之地。房地产行业对于水泥的质量要求越来越高，要求企业使用符合标准和规范的机械设备进行水泥生产，要求企业提高水泥的生产技术，现代电气自动化技术的应用

恰好满足房地产行业对于水泥质量的要求。水泥企业通过不断的现代电气自动化技术革新使得水泥生产更加专业化、自动化、标准化，为机械设备水泥生产提供一个安全、高效的环境。

在数控机床方面的应用。目前，机床设备拥有很多的电机驱动系统，而这些电机一般都是横向布置的。随着科学技术的不断进步和生产需求能力的不断扩大，为适应发展，装机容量也在不断地加大。目前，市场上采用的办法是增加一个交流牵引电机，交流牵引电机可以有效地提高设备的生产效率，又还能使设备的运行更加安全和稳定。这种电机同时也减少了机械设备维修的频率，因此，得到了很多机床生产企业的青睐。而现代计算机技术是控制自动化设备的核心技术，同时增加一些自动传感技术和自动诊断技术等辅助技术，让机床的设备更加智能化、自动化。这样，数控机床最具备了多种优点，比如效率高、稳定性能好、精确率高等。除了数控机床，一些输送设备也不断地朝着智能化、自动化的方向前进。

在加工时实行自动化。自动化加工的设备实际上是将加工循环实现了自动化，并在装卸工程零件等一些辅助零件时体现出自动化。对于半自动化来说，实际上就是指在加工循环的设备上实现了自动化。对于工作来说，正确的运用自动化与半自动化设备进行加工，所体现出来的不仅仅是便利，还有精密、高效等优点，如果自动化或者半自动化设备足够可靠，还能够实现加工系统柔性的特点。自动化程度要求不同，也有不同的加工设备自动化途径，例如，可以对专门自动化的加工设备进行购买，还可以选用数控加工设备。在一定程度上，自动及不仅可以代替体力劳动，还可以代替脑力劳动，自动化能够在由机器或机床组成的加工系统中完成相应的动作功能。

电气工程及其自动化是电工、电子、自动化、计算机工程等多学科的综合性技术领域，在国民经济发展中占有基础性地位。需要结合实际情况，将电气机动化技术在机械生产领域进行合理利用，不断提高生产效率，降低成产成本，为生产提供一个安全的环境，要积极探讨提高机械设备现代电气自动化技术的策略，切实提高我国现代电气自动化水平，不断增强产品的竞争力和影响力，促进我国国民经济的可持续性发展。

第八节　现代电气自动化数字技术

近年来，数字技术作为市场上一项新兴计算机技术，在现代电气自动化中应用的价值越来越大，应充分意识到数字技术的作用。基于此，本节立足于数字技术的特点与价值，论述了数字技术的特点以及在现代电气自动化领域中的具体运用，希望能够起到一定的指导和借鉴作用。

一、数字技术概述

电子计算机诞生后，随之产生了数字技术，数字技术是将各种类似图像、声音、文字信息借助一定的设备进行转化为计算机可以识别的二进制，然后再进行运算、存储、传送等工作。数字技术也成为数码技术或计算机数字技术，其在运算存储过程中实际是计算机对信息进行编码、解码和压缩的工作。数字技术具备保密性强，稳定性强等特点。

科学技术的发展是科技迅速发展的推动力，数字技术是一项被广泛认可的技术，其操作方便、安全性高、准确性可靠的特点降低了对其他设备的依赖。此外，数字技术能够使单位设备运作更加高效和稳定，可以将众多繁杂的信息进行分类和归纳，并形成体系，确保品质的基础上还节省了费用。

二、现代电气自动化技术的应用

（一）TN-C-S 系统的使用

TN-C-S 系统主要是由两个接地系统组合而成，第一个部分主要是 TN-C 系统，而第二个部分主要是 TN-S 系统，这两个系统的分界面主要是在 PE 线与 N 线的连接点上。这个系统通常主要是用在建筑物的供电区域或者变电场所，在线路进户之前需要采用 TN-C 系统，进户处的线路需要做重复的接地，这就使进户后的线路变成 TN-S 系统。因此，TN-S 接地系统会明显提高住宅内人们生活的安全性。与此同时，只需我们采用接地引线的方式，每个都需要从接地体的一点引出，以及选择一个正确的接地电阻值，进而使电子设备获得一个相同电位的基准点等措施，所以，TN-C-S 系统是可以成为智能型建筑物的一个接地系统。

（二）交流工作接地

交流工作接地是指采用变压器的中性点或中性线（N 线）接地。N 线需要使用铜芯的绝缘线。在配电过程当中，是会出现辅助的等电位接线端子的，等电位接线端子主要是在箱柜的内部。因此，需要注意的是这个接线端子是不能露到外面的；是不能和其它的接地系统，如屏蔽接地，直流接地，防静电接地等系统相连或混接的；也不可以和 PE 线进行连接。在高压线路系统中，使用中性点的接地方式可以使得接地继电保护的动作准确无误，并且能够消除由单相电弧接地所引起的过电压现象，同时中性点接地还可以预防零序电压的偏移，从而保持三相电压的基本平衡，这种接地方式对低压系统也很有意义。

（三）安全保护接地

安全保护接地主要是把电气设备中不带电的金属部分和接地体之间作一个很好的金属连接。在现代化的建筑内，需要实现安全保护接地的设备很多，主要有弱电设备，强电设备，另外还有一些非带电和导电的设备和构件，这些均是必须采用安全保护接地措施的。如果没有做适当的安全保护接地措施而使电气设备的绝缘损坏时，该设备的外壳就有可能会带电。一旦人体接触到这个电气设备的外壳，就可能会出现被电击伤或造成生命危险的情况。安装保护接地装置，降低设备的接地电阻，这不仅可以保证智能建筑的电气系统安全，也是确保非智能建筑内部设备和人们人身安全的一个手段。

三、数字技术在电力现代电气自动化中的应用创新

（一）逐步提升系统性能

工业现代电气自动化发展通常会受到操作系统和工作性能的影响，因此应及时优化、管控操作系统。这样一来，即使没有人员管控也能实现操作控制，也完成信息识别任务。目前，数字技术必须积极创新，从而为工业现代电气自动化发展提供帮助。此外，操作管理占据重要地位，在数字技术的应用过程中不可小觑。数字技术必须在调度、传送指令前，确保数据传输至电脑。

（二）贯彻程序化操作理念

工业企业相关工作人员在给现代电气自动化系统下达调度命令之前，需要先将审核过的数据信息保存在计算机系统中。在实践操作过程中，还需根据系统实际要求优化设置人工操作界面，以此来明确是否要进行开关、闸刀等不同工作，有效防止由于不当操作破坏整个系统的正常功能效用。此外，工业企业工作人员还需通过积极开展模拟实验活动，确保系统功效能够充分发挥。为了保障现代电气自动化智能设备的程序化操作，企业管理部门要定期组织技术人员参与专业化培训教育活动，促使工作人员树立起先进的程序化操作理念，能够掌握运用好各项最新技能和方法，科学完善程序化操作，实现数字化技术的全面控制。企业在利用智能化设备和数字技术进行程序化操作的同时，也要适当加入一些人工操作，保证各个工作环节顺利进行。比如，在进行一些实践设计作业时，要融入工作人员的创新思维，加入手工设计操作，这样能够满足市场用户不同设计需求，推动现代电气自动化更好地发展。

（三）引入"智能终端"管理设备

引入智能终端化设备，通过智能终端设备的间隔处理技术层对自动化过程数据进行采集和控制。智能终端管理设备是数字技术创新的实物模型，它可以实现很多方面的智能化管理和操作控制。智能终端管理设备有六个主要的优势：全机身都能散热，可以很好地进行大功率的电力输山；可以支持四块硬盘的整体运行，设备整体更加智能化和技术化。接口丰富，智能终端管理设备不仅可以应用在电力现代电气自动化领域，很多工业的技术领域都可以实现广泛应用；双网卡设置，可以实时联网，实现在线监控，是管理操作的过程

更加具有灵活性，同时还能够实现数据信息的局域共享。

　　综上所述，数字技术具有使用操作简单方便、逻辑性强及实用性高等特点，在未来工业现代电气自动化发展过程中，应用前景是非常广阔的。应详细把握这项技术的特点，实时监测设备运行情况，在原有的基础上不断探索其革新性，收集获取相关数据信息，为高层领导做出最佳决策提供科学依据，满足社会的各项需求，促进社会工业的有效进步。

第七章　现代电气自动化管理

第一节　现代电气自动化的机械管理

近年来，在经济的推动之下，现代电气自动化技术也渗透到各个领域，在给人们工作和生活提供便利的同时，也带来一系列的问题。现代电气自动化机械在使用过程中，它能有效凸显国家的发展水平，然而在实际作业时也可能存在不同程度的损耗，后期在进行维修管理过程中，成本费用较高。文章通过对现代电气自动化机械管理和维护的必要性进行分析，阐述了现阶段管理和维护存在的问题，最后提出了有效的措施，给相关工作人员提供一定的理论参考。

现代社会发展和现代电气自动化技术有着密切的联系，它也是促进我国生产力发展的主要方式，机械生产技术涵盖各个内容。包括信息技术、管理技术等各方面的内容，它能有效地进行生产监控记录，具有各种各样的优点。一方面，在企业运作过程中，使用现代电气自动化机械管理，它能有效地降低制作成本，缩短制造流程，在某种程度上实现企业资源的优化配置。另一方面，现代电气自动化是一种快捷的生产工艺，被广泛应用在生产、建设等各个层次，机械生产技术离不开现代电气自动化机械，在实践过程中可能会存在自动化，机械设备会产生不同程度的磨损，要加强管理和维护工作，避免产生破损。因此，现阶段必须要对现代电气自动化进行机械管理和维护，具有至关重要的现实意义。

一、现代电气自动化机械管理与维护的必要性

企业在发展过程中离不开现代电气自动化技术的支持，现代电气自动化技术是机械生产技术的关键。机械生产技术涵盖系统管理、自动化生产、信息技术等各个方面，目前现代电气自动化和国家工业化水平相挂钩，现代电气自动化机械管理，它成为国家工业化水平发展的标志。机械生产技术主要依托于传统的工业生产，它为制造业所服务，它能有效地节约人力资源、降低大量的生产成本，在某种程度上还能有效地缩短工期，给企业带来一定的经济效益。在实际运作过程中，尤其是在工业制造服务中使用现代电气自动化设备，它能满足企业生产大批量产品需求，在使用过程中可能会存在一定的损伤，然而机械设备

更是一种新型的科技产品，在使用过程中，它的购买价格相对较高，尤其是在日常机械管理和维护过程中，必须要做好日常的机械管理和维护，在延长设备使用迹象的同时，还能极大地降低设备维修的费用，确保机械管理和维护工作顺利进行，能够提高设备运作的准确率，避免出现故障机械故障。

二、现代电气自动化机械管理与维护中存在的问题

（一）基础建设缺失

虽然现代电气自动化机械管理给人们的生产和工作带来极大的便利，但是在使用过程中也存在各种各样的难题。主要是由于现代电气自动化机械在进行管理和维护过程中，基础建筑基础建设缺失。大多数的现代电气自动化机械设备主要使用在制造行业，对于大多数的企业来说，他们需要考虑到生产某种产品所能给自己带来的经济效益，忽视成本建设，并没有对相关的基础建设内容进行控制。现代电气自动化机械管理，在某种程度上它是为了促进企业的经济增长。然而在实际过程中，并没有按照相关的规范要求设置单独的管理室，也没有按照说明书和养护手册进行机械使用，可能胡乱地将产品堆放在库房中。与此同时，在设备管理和基础养护过程中，基础的保护措施较少，没有进行定期的清洁和养护工作，加上管理不当。说明书或者是其他的建设材料会受到外界环境的影响，出现字迹模糊，无法充分发挥现代电气自动化机械设备的原有作用，无法保证设备正常运作，这给企业的生产经营带来消极的影响。由于基础建设的缺失，现代电气自动化机械设备无法正常投入到生产和运营过程中，给企业带来不可估量的经济损失。

（二）机械管理和维护的重视性不足

日前，在现代电气自动化机械管理过程中，由于多数的工作人员依然沿用传统的管理理念，忽视管理和维护工作的重视度。现代电气自动化机械管理是制造企业管理工作的重点，这就意味着，在现代电气自动化机械日常管理和维护过程中，必须要进行系统优化。在最大范围内降低现代电气自动化机械设备发生故障的可能性。在科学技术的推动之下，我国的制造行业逐渐的迈向迈入现代化和科技化，进行现代电气自动化，机械设备管理应该有更为充裕的发展空间，将制造业作为主要的管理目标。然而，我国机械化程度和发达国家相比还存在一定的差距，大部分企业忽视现代电气自动化，机械管理和维护的重要意义。一味的沿用传统观念，误认为现代电气自动化机械管理只是对机械设备进行对机械设备的使用情况进行记录。在某种程度上，现代电气自动化机械设备的控制和记录，只是日常管理工作的一部分，很多企业存在一定的认知误区，忽视日常管理和维护的重要性，无法认识到现代电气自动化机械管理在制造业中的促进作用，很多企业也都会选择非专业的员工进行机械管理，由于该部分的人员没有专业的知识和技能。无法针对无法对现代电气自动化机械设备存在的故障进行解决，使得现代电气自动化机械管理信息技术停止不前。

（三）工作人员素养不高

在进行自动化机械管理和日常维护过程中，必须要提高相关人员的责任意识，工作人员应该具备一定的专业素养。然而，在实际工作中，尤其是在现代电气自动化机械管理和维护过程中，相关的工作人员并没有按照机械设备测定指标展开工作，忽视管理工作的规范性和科学性，机械设备测量都是有相关的从业人员完成的。同时，很多工作人员没有认识到现代电气自动化，机械管理和维护的重要性，忽视员工的培训工作，这使很多员工在进行日常作业时没有责任意识，专业技能无法得到全面提升。

三、现代电气自动化机械管理与维护的措施

（一）全面落实管理和维护工作

企业在进行日常生产过程中，需要全面落实管理和维护工作，确保现代电气自动化机械设备正常运作，除了最基本的维护工作之外，相关的作业人员还应该对设备做好日常的管理工作，在管理工作落实中，一方面，需要完善机械管理制度。另一方面，需要全面落实机械设备的保温工作。站在机械管理制度层面来看，在机械管理过程中，要落实到个人充分发挥管理人员的职责，严格地参照现代电气自动化机械设备的管理要求，定期进行设备的养护。在现代电气自动化设备管理过程中，还需对相关的维修数据和信息做好全面的记录和养护工作。除此之外，如果发现设备存在故障应该进行及时维修，做好相关数据信息的记录工作。一旦发现故障无法排除，应及时针对故障进行排除，采取有针对性的解决措施，在日常管理和维护过程中落实责任制度，它能有效地提高设备的运行效率。设备在运行过程中还需要考虑到环境温度产生的影响，尤其是在冬季气温较低，现代电气自动化机械设备在低温环境下容易出现运行故障，这时需要对温度进行全方位的控制。对环境温度控制、对设备做好全方位的检查工作，在最大范围内降低由于温度过低产生的机械故障。严格地按照现代电气自动化机械设备的需求，做好相应的保温措施，使得机械设备处在良好的运行状态。此外，还需要做好机械设备的防护措施，考虑到设备防腐和机械设备使用寿命的关联性。在机械设备日常运作时，采取有效的防腐措施，做好设备的定期维护、涂抹润滑油、保护涂层等，确保自动化系统正常运作。

（二）结合现代电气自动化机械设备运行环境

通常情况下，现代电气自动化机械设备在运作过程中，必须要对外界环境的温度、湿度、压力等条件进行控制，才能避免对机械设备产生消极的影响。现代电气自动化机械设备损伤程度和工作运行环境有着密切的联系。在设备日常作业时，需要对外界环境因素进行全面控制，将设备处在干燥通风的环境中，做好定期的清洁工作。尤其是在现代电气自动化机械管理和维护过程中，要考虑到实际运作环境、时刻关注着现代电气自动化机械设备的运行状况，针对存在的问题及时上报，避免带故障运作。

（三）分析判断故障原因

在自动化机械设备管理和维护过程中，还需要找到故障发生的原因，一般情况下，由于现代电气自动化设备都是使用在工业制造方面，在日常生产过程中，它的负荷工作强度较大，不可避免会出现各种各样的故障，这时在日常现代电气自动化机械管理和维护过程中，相关的作业人员必须要对设备进行全面检查，做好全方位的分析和诊断工作。针对存在的故障进行分析，对症下药，才能在最大范围内降低故障，然而，在实际作业中不仅包括设备在运作过程中发生的自身故障，还存在着各种各样的人为故障，可能会受到人为因素的破坏，也可能是由于设备的密封性较差，超负荷运作都可能会给设备带来一定的损害。这时，相关的管理人员和维护人员应该针对设备出现故障的原因进行分析，采取针对性的解决措施，确保现代电气自动化机械设备稳定运作，能更好的帮助企业带来持续化的经济效益。

综上所述，现代电气自动化机械设备在日常管理和维护过程中，必须要采取有针对性的解决措施，针对发生故障的原因进行分析判断，结合现代电气自动化机械设备的运行环境，全面落实管理和维护工作，才能保证机械设备稳健运行。尤其是现代电气自动化机械设备再制造行业运用中，目前在制造行业中，现代电气自动化机械设备占据着关键地位。一方面，它能保证企业朝着现代化，自动化生产目标不断发展。另一方面，它还能不断的优化现代电气自动化机械故障监控体系，做好全方位的预防管控工作，在最大范围内发挥现代电气自动化机械的生产效率和运行速度，提高企业的运行速度。除此之外，还需相关的作业人员提高自身的综合素养，掌握基础的知识和操作技能，充分发挥现代电气自动化机械管理和维护的作用，对症下药，实施全方位的日常养护和管控工作，降低企业运作成本，为企业带来更高的经济利润。

第二节 现代电气自动化仪表的管理

随着我国经济的快速发展，现代电气自动化仪表也得到了快速的发展。电器行业中应用了许多先进的仪器和技术，现代电气自动化仪表能够表现电器企业的各项实力，也能够表现出企业的运行状况，通过对现代电气自动化仪表的分析，提出对于现代电气自动化仪表的管理和维护措施。

如今现代电气自动化仪表的配置和使用情况，能够体现出电器企业的综合实力和运行状况，不同配置情况的自动化仪表能够反映出企业不同的实力，而其中的配置程度影响着其技术含量，电气化仪表的结构复杂，因此，对于电气化仪表的管理和维护工作就显得极为重要。在进行维护电气设备时，应以定期巡视等策略进行维护，降低维护的成本，提高现代电气自动化仪表的使用寿命。

一、现代电气自动化仪表的管理与维护的重要性

现代电气自动化仪器内部含有精密的零件，为保证现代电气自动化仪表能够高效的进行工作，并确保工作时的安全性，更应重视对现代电气自动化仪表的管理和维护工作。在电气行业中，现代电气自动化仪表作为较高技术含量的仪器，能够有效提高工作的效率，占有着重要的地位，也使人们的生活更加方便。但在使用过程中常常存在着由于精密零件损伤而导致现代电气自动化仪表性能下降的问题，因此，工作人员更应做好对于电气自动化仪表的管理和维护工作，降低对于现代电气自动化仪表的维修工作，保证电气动化仪表能够高效的运行。现代电气自动化仪表由于其科技含量大，成本较高，通过正确的对现代电气自动化仪表进行管理和维护，能够有效地降低对于现代电气自动化仪表的维护费用，提高电气动化仪表的使用寿命。电器企业加强对于现代电气自动化仪表的管理和维护，提高工作人员对于维护现代电气自动化仪表的意识，才能有效地降低维修成本，使得企业的现代电气自动化仪表工作能够高效运行。

二、现代电气自动化仪表的管理与维护的措施

（一）加强企业对于现代电气自动化仪表的重视程度

为做好对于现代电气自动化仪表的管理和维护工作，加强企业对于电气中化仪表管理与维护工作的重要程度。现代电气自动化仪表的直接使用人员为测量人员，企业更应提供测量人员对于现代电气自动化仪表的认识程度，通过提高测量人员的综合素质和专业素质，逐步地提高对于现代电气自动化仪表管理与维护工作的意识，避免由于测量人员的错误操作而引起现代电气自动化仪表的损坏。通过加强对于测量人员的操作指导工作，使得测量人员严格规范要求，合理的操作使用电气动化仪表，提高企业人员对于现代电气自动化仪表中管理和维护的意识，有效的减少现代电气自动化仪表的损坏，降低维修成本。

（二）合理安排现代电气自动化仪表的工作环境

由于电气自动化仪表中含有精密的仪器，任何不良的环境都有可能影响零件，甚至可能减少零件的使用寿命，这就要求工作人员需要考虑到现代电气自动化仪表的使用环境，工作人员需严格按照说明书中的规定，正确的使用电气自动化仪表。工作人员在维护和管理电气动化仪表时，也要考虑到现代电气自动化仪表所处的环境，针对仪表的所处环境进行正确的测定，正确的维护和管理现代电气自动化仪表，避免由于不当的环境原因而造成电气自动化仪表的损坏。

例如，现代电气自动化仪表在使用过程中，可能会接触一些腐蚀性的环境，而这个环境很容易影响到电气自动化仪表的使用寿命。大部分的仪表材料是钢材料或不锈钢，而在

腐蚀性较强的环境中，空气氧化等因素会对仪器的零件造成影响，很容易使得现代电气自动化仪表受到损坏，影响原有的性能，特别是对电气中化仪表中的精密原件产生影响，严重降低现代电气自动化仪表的使用寿命。因此，企业更应高度重视对于现代电气自动化仪器的管理与维护工作，加强对于工作人员综合素质的提高，工作人员责任做好对于现代电气自动化仪表的防护措施，避免现代电气自动化仪器与易腐蚀的物品相接触，例如，可以选用更加优质的材料，使用一些难以被腐蚀的材料作为仪表的核心软件，有效地降低腐蚀环境的影响，有效延长现代电气自动化仪器的使用寿命，也能够避免腐蚀情况的产生。

现代电气自动化仪表还有被雷电击中的风险，在短时间内产生较大的电流破坏现代电气自动化仪表，工作人员在雷电天气下，应做好预防雷电的措施，如可以通过接地的方法，避免现代电气自动化仪表受到雷电的袭击。

现代电气自动化仪表受温度的影响较大，如在冬季，较低的温度使得现代电气自动化仪表不能正常运行，一些工具与水接触时会冻结并损坏仪表。因此在寒冷的环境下，工作人员需要严格把控现代电气自动化仪表的运行温度，避免现代电气自动化仪表因为温度过低的原因而受到损坏，还应注意保持现代电气自动化仪表的使用温度，严格做好保温措施。

（三）通过巡回检查维护现代电气自动化仪表

在对现代电气自动化仪表进行检查时，还应建立完善的管理制度，对工作人员的责任和任务进行明确的要求。例如，工作人员在检查现代电气自动化仪表时，需要进行定时检查，例如将检修时间定为日、周、月等。通过定期的检查，保障现代电气自动化仪表的正常运行，延长现代电气自动化仪表的使用寿命。工作人员有责任对工作内容负责，而工作人员在维护现代电气自动化仪表时，就要确定人数，开展对现代电气自动化仪表进行维护和管理工作，并明确责任制度，明确每个人员的责任，提高工作人员的工作质量，并确保电气自动化仪表的检查工作正常进行，避免因为部分工作人员的疏漏，而导致现代电气自动化仪表损坏的情况发生。

在对现代电气自动化仪表进行管理和维护工作时，还要根据实际情况实际处理，而不同的仪表需要以不同的方式进行保养，例如对于压力测试的仪表，在使用过程中常与粉尘接触，在维护过程中要重视对于尘垢的处理，完善相关的管理制度，保证现代电气自动化仪表的管理和维护工作的正常进行。

现代电气自动化仪表的零件十分精密，能够确切地反映出企业的运行状况，而对于现代电气自动化仪表的维护和管理措施则应受到企业的重视，企业还应对工作人员进行培训工作，建立完善的管理制度，工作人员才能正确的对现代电气自动化仪表进行维护和管理，通过对管理和维护工作的强化，能够最大化的应用现代电气自动化仪表，降低现代电气自动化仪表的使用成本，确保相关工作的正常进行，既节省了大量的人力和物力，也促进了企业在自动化技术方面的应用。

第三节　现代电气自动化管理在泵站中的应用

近年来，现代电气自动化技术得以高速发展，在泵站实际运行当中，科学应用该项技术，不仅提高了工作效率，也利于提高泵站运行安全性。因此，在科学的分析过程，要以泵站运行效率为基础，以提高工作质量。

一、泵站的重要组成部分

（一）取水泵房

取水泵房的取水方式是分情况确定的，当水库水位已经达到一定的数值时，取水一般是利用 2 只调流阀的作用产生自流，但在没有达到预定水位时再取水期间一般是利用取水泵的作用进行取水。调流阀的控制方式包括手动、中控及自动控制。在进行自动控制过程中，按照参数进行阀门开度的调节，以有效保证清水池的水位维持在一定位置。在进行自动运行过程中应提前设置好水位、工作阀门等相关数据。在进行中控控制过程中，工作人员可利用计算机进行远程操控，并完成接下来的操作步骤。

（二）加氯系统

加氯系统包括次氯酸钠加药泵、加氯管道及自动稀释系统等。配备流量机械隔膜设计泵，同时有其对应的加药控制点，在加药控制过程中主要作用就是变频控制器以及电磁流量仪。在气温较高的夏天，次氯酸钠的报警次数会有所减少，有效氯的成分根据温度的不断提高其效果会不断减弱，因此加药的高峰期多在夏天。

二、现代电气自动化管理类型

（一）自动化控制

在泵站现代电气自动化设计思路中，首先要对泵站进行全面的分析，通过科学有效的分析可以了解到，泵站的水位信息可以选择自动化的方式，对泵站的运行进行判断，从而提高泵站的工作效率，并减少工作成本的投入，最终达到使泵站发挥出最大价值的目的。例如，在泵站的开关和闸门机等位置上安装自动化控制设备，对泵站内的污水进行处理，实现泵站工作自动化处理，同时还能达到实时控制的目的，及时发现泵站中存在的问题并解决。

（二）水位控制

在泵站中集水井占据着重要的位置，通过安装流量计和液位计对水位进行有效的监测。现代电气自动化技术中 PLC 系统可以对泵站所开启的数量进行控制，同时还能对泵站高位、低位进行分别的设置，一旦水位超过最低标准后，就会立即发出警报，而水位达到最高标准时，泵站则会自动停止工作。此外，现代电气自动化技术还能对泵站运行的时间进行智能分配，从而延长泵站的使用寿命，有效减少成本的支出。由于泵站现代电气自动化技术具有自动识别的功能，通过 PLC 控制系统可以对泵站的故障进行识别，这样就可以保证泵站在工作时更加精准。

三、现代电气自动化管理在泵站中的实际应用

（一）在泵房中的应用

由于科技的不断进步，现如今的泵站中已经实现的无人自动化，在这一工作中变频器是第一功臣，在泵房中使用变频器的主要作用就是为了能够有效地降低电耗，并且能够平缓的调节出厂水的压力。这一工作主要是利用自动系统的 PLC 或通过变频器自身的 PID 进行处理的，目的是能够实现自动调速以及在稳定压力的情况下进行供水，有效提升生产成效，实现送水泵房的无人工作状态。

（二）在水质监测中的应用

泵房工作中水质监测工作尤为重要，将现代电气自动化技术应用到水质监测中，为整个系统运行提供重要的数据参数，当我国现代电气自动化技术不断发展后，市场中大量新型自动化监测仪器横空出世，在这样的背景下，将这些仪器仪表应用到水质监测中，大大提高了泵站的工作效率，在提高经济的同时，使我国泵站自动化控制系统呈可持续的状态发展。

（三）在泵站自动化维护中的应用

无论是哪种技术都离不开有效的维护和保养，同样在现代电气自动化设备应用的过程中，必须要加强对泵站自动化维护保养工作的重视，泵站维护保养人员要根据自动化设备使用情况制定具有针对性的维护保养计划，对自动化设备的参数等各方面进行掌握，熟悉自动化设备的基本原理，保证自动化设备安全运行，避免安全隐患的发生。此外，泵站要经常开展培训等活动，提高技术人员维护等各方面的能力，最终达到使泵站现代电气自动化设备稳定运行的目的。

（四）从实际情况出发选择泵站自动化控制系统执行方式

泵站在运用现代电气自动化设备时，想要使现代电气自动化技术发挥出更好的效果，就一定要从泵站的实际情况出发，根据泵站的需求并按照相关程序和相关的标准对自动化控制系统执行方式进行选择。对于泵站自动化控制系统执行方式来说相对较多，在泵站中最为常用的就是操控通信协议设备执行模式，简单来说，在泵站自动化控制系统执行方案中，该模式也是主要的设备基础，在操控通信协议设备执行模式中，首先是通过监控主机将整个系统运行的核心进行带动，也就是说通过监控主机将相应的制定发送到各个环节中

达到自动化控制的目的，在这个过程中想要使操控通信协议设备执行模式更好的完成工作，一定要保证设备通信协议与执行模式水平的一致性；其次执行操控通信协议设备自动化控制系统时，监控主机的选择尤为重要，泵站一定要对此进行重视。

随着国家科学技术的不断进步，泵站电器自动化系统的全方位应用能够有效提升泵站的管理质量，对于国内现代水利事业的发展提供了极大帮助。与自动化系统相结合的泵站、水泵机组以及相关的设备等合理的配合，进一步实现了对泵站整体工程的全程监控，可以按照设置好的程序进行自动生产。既有效推动了泵站现代电气自动化水平的不断提升，还可确保泵站设备性能的发挥，使生产效率有了明显提升，资金投入明显减少，有助于国家水利事业健康发展。

第四节　安全生产体制与现代电气自动化管理

随着我国现代化经济的快速发展，对电力需求越来越高，保障现代电力工统安全生产供应，已经成为电力企业发展的必然趋势。只有在安全生产体制管理运行下，才能有效提升企业电气管理安全性能。因此，在日常的管理中，就需要加强电气的自动化安全管理，进一步提高设备的安全性，使得现代化生产可以达到要求，最终给企业带来稳定的经济效益。基于此，本节主要围绕安全生产体制下，现代电气自动化管理开展了相关的讨论，并且提出了相关策略。

随着社会的发展，经济也得到了一定的发展，因此电力的体制也需要进行一定的改革。经过研究表明，电力电厂体制也取得了很多的进步。但应该知道的是，在改革中，应该不断地坚持安全生产，这也是现代电气自动化管理的首要考虑因素。本节主要研究了安全生产体制下现代电气自动化管理的相关措施。

一、现代电气自动化设备安全运行管理的必要性

现代电气自动化设备安全运行有助于企业更好的发展。经济在不断地发展，市场的发展规律也在不断的变化。企业在进行相关的生产活动的时候，自动化设备是一个必要的设备选择。因此，要想使得技术有一定的改进，有效的使用自动化设备，那么就必须保证相关的设备安全性达标，只有这样，才可以促进企业的生产效率，最终促进其发展，保证其稳定的运行。

对自动化设备进行安全的管理可以满足市场发展的要求。现如今市场的发展规律千变万化，很多产品由于不符合时代发展而被淘汰，因此就需要生产出符合时代发展的产品。在对产品进行生产时候，如果安全问题不能得到保障，那么生产出的产品可能就不符合要求，因此，实施自动化设备安全管理也是为了保证生产的产品更加符合时代的发展，满足

市场的要求。

二、企业现代电气自动化设备管理的现状

在开展相关的工作时候，在电力企业中存在人员分配不合理的问题，同时各个人员的职责分类不够明确，导致工作中，自动化设备管理的工作不能有效的开展，因此相关的工作可能在实施时候存在问题。此外，相关的工作人员工作积极性低，在工作中可能比较懒散，缺乏责任，影响工作的进度。

在工作中，由于没有严格的监管制度，造成相关的员工在工作中缺乏积极性，并且在工资方面没有很好的完善，在招收人才时候，可能就存在问题，很难招收到专业性强的人才，最后使得安全管理工作受到阻碍，最后影响企业的发展。

三、安全生产体制下电气管理化的措施

为了使得电气的相关生产可以最大化的促进企业的生产，因此在管理方面，可以采取以下方式：

完善相关的制度。如果想要现代电气自动化安全管理工作更加有效，那么首先要做的就是完善班组的相关制度，使得班组安全目标可以发挥其约束作用，同时也能使得生产目标和安全目标都能够良性的发展。在开展相关的工作时候，应该加强安全目标的相关内容，包括内容的制定，修正，实施等。同时也应该重视各级人员的责任心，让他们在工作中有较强的责任意识，然后更加积极地投入工作中，使得安全管理工作更加的规范，然后进一步使得安全目标考核与安全责任相结合。

应该加强安全的宣传。企业在进行生产时候，应该始终坚持安全第一的原则开展相关的工作，严格地按照国家相关的安全规定施工，对工作人员进行相关的培训工作，进一步使得工作人员的安全意识可以得到提高。安全管理部门应该坚持安全生产的工作，提高安全安全管理的素质，在工作时候，如果发现安全方面出现问题，工作人员可以及时的解决，这样也不会给工程带来问题。

在平常的工作中加强管理。对于现代电气自动化工作，关系到生命财产安全，因此需要注意在日常工作中加强管理的细节。不仅应该关注工作中的一些大的问题，更应该关注一些细节的工作，踏踏实实的做好每一步，首先保证安全生产，其次完善机组的运行。同时，机组的各项指标应该控制在一定的范围之内，只有完善相关的指标，才能够使得利益达到最大。

对电气安全工具进行管理。企业在进行生产时候，应该加强对相关的设备检测工作，同时也要正确的检查其工作中使用的设备，以保证安全的性能得到提高。首先，应该检测用电装置的可靠性和安全性。其次，对于绝缘和接地方面应该做相关的实验。第三，应该对电机，变压器，配线等做出相关的测试，保证安全性达标。第四，对于一些电子产品的

测试，也应该到位，主要包括电压测试，漏电测试等方面。需要注意的是，在使用高压的验电器时候，应该使用有质量保证的绝缘手套，并注意站在绝缘处，防止在工作中出现安全问题。最后，在进行工作时候，应该对安全工具进行处理，使得其干净，并且保持存放的地点足够的干燥，防止工具出现变质。

建造一支安全管理技术队伍。如果想要使得安全管理工作有效开展，那么就需要建立一个高素质的管理队伍。因此，可以不时地对这些人员进行培训，然后使得其专业能力更加专业。在培训时候，应该保证方法灵活，可以通过演示等方面进行讲解相关的内容。培训时候也应该有长期的安排，有短期的安排，随后再根据实际情况进行适当的调整，总结事故出现的原因，并加以避免。这就需要企业在挑选员工时候，有一定的标准，其次就是在工作中可以使得员工可以保持不断学习的状态，便于解决工作中出现的问题。

落实安全职责，做好治理工作。在开展工作时候，必须建立一个好的工作团队，明确每个人的职责，使得工程出现问题时候，能够直接找到相关的负责人，每个人应该各司其职，在自己的岗位上做好自己的事，同时与其他的同事做好协调，共同促进企业的发展。在工作中，如果出现安全问题，相关的工作人员应该可以找到出现安全问题的原因，然后找出相关的解决措施，而不会由于安全问题耽误项目的进展。

综上，现代电气自动化应用是企业的能源保障，是安全生产的原动力，随着现代电气自动化应用越来越广泛，了解电器安全管理，可以为人类更好地服务。把电气的危险点管控起来，做到防患于未然，使电气安全管理系统化、规范化、科学化，重视电气安全，才能为企业创益、为人类造福。

第五节　化工行业的现代电气自动化管理

化工行业的现代电气自动化管理控制策略，是以电气控制与自动化技术为基础的运营生产过程的监控手段和组织管理方式，其为化工类公司的正常生产、运作管理提供有力的帮助，是化工产业实现组织结构优化管理、提高生产制造质量和效率的重要举措。本节将对个人管理工作经验进行总结和分析，探讨我国化工产业在实施现代电气自动化管理策略中需要加强管理的重点项目，论述当前国内在电子自动化生产管理模式方面的经验成果，并对现代电气自动化技术的改革创新方向和趋势进行预测。

所谓化工行业现代电气自动化管理策略，可以理解为在化工类公司的生产经营运作管理过程中，辅助以电子数据传播技术、计算机软件设计技术、网络信息传播技术，构建化工生产经营管理过程中的电气自动控制管理机制，并将该管理机制与化工生产经营的全部阶段相结合，应用于生产经营的每一个具体环节中。

一、现代电气自动化技术的管理控制概论

在现代电气自动化技术的应用实践中，化工类产业的生产线加工管理流程、原材料与产品的储存管理流程中需要装配监控管理设备仪器，以加强对生产制造和仓储管理的规范秩序管理。为了提升化工类公司的生产运作效率，实现化工生产的安全质量管理，有效降低化工生产制造加工中的器械损坏，及时对化工类设施设备进行性能检测与维护，排除因为监管措施不当而出现的生产事故和产品质量问题。现代电气自动化技术管理主要被应用于生产制造现场的安全系统监督管理预警装置，由专业技术人员设置电子自动化计算机监督控制中心。该监督控制中心系统具有信息发送功能、信息接收功能，如果其检测发现化工生产制造加工管理过程中存在事故隐患或者设备运行故障、设备性能问题，将及时发送信息给管理中心，从而触发报警装置设备，由报警装置中预设的信息发送警报信息，由信息接收装置接收警报信息，借助计算机处理器分析、判断警报信息中的数据内容，并反馈给信息管理中心系统，交给事故监督管理工作者去解决事故问题，通过远程操作和程序校对纠正运行管理中的问题与事故。

二、化工工程的现代电气自动化模式

（一）分散现代电气自动化管理

在分散现代电气自动化管理制度中，生产流程管理系统由多个部分、组织构件有序结合，发挥现代电气自动化管理的策略优势。在分散现代电气自动化管理操作中，其特性功能表现为每个独立的系统部分、组织构件都有各自负责的功能板块，从操作管理的具体现实情况出发，使用信息传播设备，在接收到报警信息数据后得到对应的管理系数，并使用管理系数编制命令指示。在分散现代电气自动化管理过程中，需特别关注的是可以排除管理系数的提取获得方式，而直接将管理系数由信息发送装置传送给控制中心，再由控制中心对各下属系统进行集中统一的管理，因而在分析现代电气自动化管理系统具有信息传送途径便捷、信息传播速率高的特性外，还提高了电子自动化管理对象目标的精确性，有利于系统检测、控制技术的研发与创新应用。

（二）密集现代电气自动化管理

所谓密集现代电气自动化管理制度，是指在借助电脑信息处理模式后，将化工生产加工制造管理流程中的所有阶段、细节都输入密集现代电气自动化管理系统中，促进化工生产加工、仓储管理等多方面的一体化运作流程。首先，对化工生产原材料的运输、存放、性能检测等过程进行管理；其次，应当促进密集现代电气自动化管理技术的改进和创新，从化工类公司的现实生产建设需要出发构建互联网信息管理系统，将生产运营中的加工、生产、仓储等生产流程录入现代电气自动化管理系统中，通过互联网信息管理系统实现对

生产制造流程的统一管理。工作组织者、管理领导者可以根据信息管理系统的提示，对化工生产加工流程进行检查，排除故障，保障化工生产的正常、稳定进行。从我国目前的化工生产管理情况进行总结，可以发现，密集现代电气自动化管理策略更符合化工类生产管理的需要，但是在实现过程中存在诸多问题和弊端应当及时进行调整与纠正，同时应当继续促进密集现代电气自动化管理技术的创新。

（三）生产流程现代电气自动化管理

生产流程现代电气自动化管理就是在化工生产加工过程中使用互联网信息数据分析系统，具体的应用策略是从化工类公司的生产经营现实条件出发，在加工制造、生产运营中采用互联网信息数据分析的管理模式，确保各项生产数据、仓储信息等内容能在授权范围内实时上传和相互分享，从而避免在化工生产制造管理中发生问题和指令错误。

三、化工工程的现代电气自动化技术优化

（一）现代电气自动化的安全管理技术

安全自动化设备以两方面为核心：一是在设备操作环节中发生危险后，安全自动化设备可以在操作人员无法反应的时间内完成紧急处理操作，确保生产安全；二是化工生产阶段发生危险后，安全自动装置可以帮助工作人员处理危险区域的事故问题，避免二次事故的发生。

（二）现代电气自动化的报警技术

化工生产阶段需要保证各环节的稳定与高速运行，所以在生产过程中对压强与温度要求较高，一旦采取错误的操作方法，就会使压强与温度发生变化，最终引发重大事故，如爆炸、火灾、停水、停气等。使用自动报警装置后，一旦发生问题，就可以快速判断具体情况并发出警报，通过警报类型工作人员可以快速采取正确的解决措施。

（三）现代电气自动化的监督控制技术

在化工生产过程中，设备需要长期进行高速运转，所以经常会发生损耗问题，而这些情况会造成安全事故的发生几率不断增加。为了实时监控设备运行的情况，采取正确的设备检测方法就成为十分重要的控制措施。安全监测装置可以有效监控设备的运行状态，及时发现设备中存在的安全问题，有效提升化工生产的安全性。随着监控技术的不断进步，安全监测装置的效果将更加优良。

综上所述，随着科学管理技术的改革与创新，化工产业的生产制造、加工管理模式将发生相应的调整与变化，现代电气自动化管理在化工领域中的广泛应用将有效提高化工生产的效率。相关技术人员应加强对现代电气自动化技术与化工生产管理模式的综合应用，为化工企业的健康、稳定发展做出贡献。

第六节 现代电气自动化设备的管理

随着科技的不断进步与发展，现代电气自动化设备越来越先进，且被广泛的应用到各个领域中。为了发挥现代电气自动化设备的效能，确保其工作的可靠性、有效性，则需要对其加强管理和维护，减少设备故障的出现，保障设备的安全运行。基于此，本节概述了现代电气自动化，分析了我国现代电气自动化设备管理与维护中常见的问题，提出了提高现代电气自动化设备管理与维护水平的对策，以供参考。

在工业不断发展的背景下，现代电气自动化设备在企业生产过程中应用越来越多，不仅提高了生产效率和企业竞争力，而且降低了工人的劳动强度。为了保障现代电气自动化设备的正常运行，则需要对其进行有效的管理和维护，但很多企业在设备的管理和维护方面还存在一些问题，给设备的使用和生产带来了影响，因此，应加强现代电气自动化设备管理与维护方面的研究。

就现代电气自动化来说，其是指在不借助人力或者借助较少人力的作用下，使各种设备按照程序自动运行，从而完成一项或者多项工作的行为状态。随着科学技术的不断更新和发展，工业发生了很大的变革，现代电气自动化程度也越来越高。事实上，现代电气自动化技术在工业中得到了广泛的应用，并且发挥了重要的作用，比如汽车产业，汽车作为多种部件组成的产品，其设备的生产、组装、维修等都会用到自动化技术。总之，现代电气自动化技术的应用和发展能够推动现代工业的进步，从而提高人们的生活水平，促进国民经济的发展。

一、我国现代电气自动化设备管理与维护中常见的问题分析

（一）设备管理意识有待加强

在市场经济体制下，各个行业正处于快速发展的状态，但是也带来了激烈的市场竞争。为了在竞争激烈的市场中占据一席之地，多数企业提高了设备的自动化率，尽管竞争力有所提升，但在设备管理方面缺乏管理意识，给企业的发展带来不利的影响。例如，部分企业对市场占有率、新产品研发、产品产量等过于重视，忽略了设备管理工作，缺乏管理思想意识，表现为重生产、使用，轻维修、管理，导致设备日常维修管理难以落实到位。在此种情况下，由于设备缺乏有效的管理，使得设备工作状态越来越差，直到设备出现问题才会进行维修，在一定程度上缩短了设备的使用寿命，同时也给企业带来一些损失。

（二）设备管理方法有待创新

在企业发展过程中，管理是非常重要的内容，设备管理作为管理的一部分，对于企业生产和发展来说也是十分重要的。要想做好设备管理工作，则需要运用科学、先进的管理

方法，提高设备管理水平的同时，充分利用设备生产能力，提高设备的质量，增强企业的竞争力。但目前我国设备管理方法比较落后，在一定程度上制约了企业的发展，甚至导致部分企业停工倒闭。关于企业管理方法落后，主要表现在以下几个方面：没有针对设备编制相应的管理办法；对设备缺乏定期的点检和维护；维修部门理念比较落后等。

（三）设备管理制度有待完善

企业制度制定与否、是否完善、是否落实都会影响企业管理水平，企业设备管理制度作为企业制度的一部分，也是非常重要的。因为设备是企业生产运营的重要物质基础，只有有效落实设备管理制度，才能对其进行更好地管理，从而发挥设备最大的效能，为企业创造更多的效益。但现阶段，多数企业存在设备管理机构重叠或者管理机构不健全的缺陷，使得设备出现故障时，没有相应的部门或者人员来承担相应的责任，出现了管理漏洞。此外，由于设备制度不完善，设备管理出现了混乱的现象，比如备品备件库存缺乏统一性，物品记录混乱；部分企业缺乏设备档案，没有设备登记，使得设备的现存量、消耗量、是否维修等信息难以掌握和查询，导致设备管理不到位，进而影响设备的使用，最终影响企业的经济利益。

（四）设备相关工作人员素质有待提高

人员作为企业的重要主体，其是促进企业建设与发展的重要动力。企业设备方面涉及的人员主要有设备管理人员、设备维修人员、设备操作人员等，目前多数企业在设备相关工作人员方面存在素质普遍不高的问题。究其原因，是企业为了节省成本，对设备维修人员和管理人员进行了精简，导致设备维修与管理人员工作任务繁重，再加上待遇相对较低等原因，使得相关人才流失现象严重，特别是中高级机械师、经验丰富的操作维修人员、工程师等。此外，部分企业缺乏培训工作，主要是管理方面和维修技能方面的培训，使得企业人员素质难以有效提高；同时缺乏激励制度，影响现有设备维修人员、管理人员的工作积极性，从而影响企业的发展。

二、提高现代电气自动化设备管理与维护水平的对策研究

（一）提高设备工作人员的综合素质

在自动化水平不断提高的背景下，企业为了自身的现代化建设，会引入新的工艺技术、新的设备设施。在此情况下，企业需要定期组织设备维修人员和管理人员进行相应的培训工作，对于维修人员，通过培训能够增加其对新工艺、新设备的了解，掌握新设备的相关知识，并且通过新设备的操作、维修等方面的实践，提升自身的技能水平；对于管理人员，通过培训活动能够了解新设备，便于对新设备的管理，从而将设备的效能发挥到最大。就培训来说，企业可以采用内部培训和外部培训相结合的方式，具体来说，内部培训可以根据故障分析报告随时灵活安排培训，从设备的实际情况出发，让维修人员更深入了解设备

的情况和掌握维修的技能；外部培训方面，企业可邀请专家、技术工程师等专业人员到企业对员工进行授课，或者安排管理人员、维修人员到相关培训中心进行培训，从而提高企业设备管理水平和维修技术技能。总之，企业应加强设备管理及维修工人队伍建设，培养管理、维修方面的人才，提高设备相关工作人员的素质，从而促进企业的生产运营，进而推进企业的发展。

（二）建立和健全企业设备管理制度

管理制度是企业管理规范化、标准化的重要依据，因此企业要建立和健全企业的管理制度。作为管理制度的重点内容之一，设备管理制度也需要健全。为了实现上述目的，可从以下几方面入手：一是统计好现有设备的情况，对企业的所有设备进行统计，并对使用、备用等设备进行统计，并做好记录；二是对设备采购加强管理，主要对老化严重、故障严重等设备进行统计和分析，看其是否需要采购，倘若需要采购，要做好相应的采购工作，从而保障企业生产工作的顺利开展；三是设备维修与养护管理，当设备发生故障时，要及时通知设备维修人员进行维修，进而保障设备的正常运用，并且要定期对设备进行养护，更好地发挥设备的使用价值。另外，企业为了提高人员的工作积极性，还应建立企业激励制度，制定奖惩机制，适当提高维修和管理人员的工资福利，从而提高设备管理维修工作的积极性和主动性，减少人才流失。

（三）建立电气设备巡检保障体系

构建电气设备巡检保障体系，明确岗位、人员的责任，并加强各个部门的配合，从而发挥设备的最大价值。该体系的建立由设备管理部门制定，并制定设备管理维护方面的流程，且对设备进行定期点检、维护和保养。具体而言，设备操作人员要对设备进行日常点检工作，完成设备的基础保养工作；维修人员要定期对设备进行专业巡检维修，即对设备可能存在的隐患或者问题进行检查，使其在出现故障前能够得到有效解决，从而完成设备的高级保养工作。就设备巡检工作来说，应做到有目标、有计划的维修，对问题做到早发现、早解决，从而保障电气设备能够正常运行。

（四）增强设备管理维护意识

人为故障和自然故障是现代电气自动化设备在运行过程中出现故障的两个重要原因，所谓的人为故障，是指由于人员的安装调试不规范、操作不当、维修不当等原因，引发设备出现故障；自然故障是指外界温度、湿度，设备长期运行等原因引发的设备故障。为了有效减少这两方面的故障，就要增强人员对设备管理和维护的意识，提前发现问题，并及时的解决，从而保障设备的有效运行。同时，要提高维修人员对设备完整性的认知，在完成故障设备的维修后，要确保全部零部件的安装到位，使设备始终处于完整状态；遵循强制保养原则，人员要深刻认识到设备的保养工作在一定程度上决定着设备的完好率和使用寿命，因此，要按照保养计划对设备进行定期保养，从而保障设备的正常运行，增加设备的使用年限。

（五）采用新的设备管理方法

创新是企业持续发展的重要途径，因此企业要进行创新。要想实现企业的创新，除了技术创新外，还包括设备管理思想方面的创新。现阶段，国内多数企业已经推行新的设备管理方法——TPM（全员生产维护），并加大了该方面的培训投入，从而真正提高设备的管理水平。相关实践证明，TPM 的使用能够将企业设备的总效率（时间效率、性能效率、产品合格率）提升 50% ~ 90%。可见，其在设备方面有着很好地提升效果，因此企业应积极应用 TPM。需要注意的是，TPM 是一项复杂的工程，其涉及多方面内容，企业在应用的过程中，应根据自身的实际情况，科学合理地制定方案，保障方案的可行性、有效性。在方案实行的过程中，还要根据设备的运行情况，对方案进行相应的调整，进而提升企业设备的使用效率。此外，企业还应制定相应的激励制度，提高员工参与积极性，更好更全面推行 TPM 理念，最终发挥现代电气自动化设备的作用。

总而言之，为了做好企业现代电气自动化设备的管理与维护，企业应根据自身的实际情况，采取建立和健全企业设备管理制度、建立电气设备巡检保障体系、增强设备管理维护意识、引进科学的管理方法等措施，达到设备管理与维护规范化的目的，从而增强企业的竞争力、增加企业的经济效益，进而推动企业的长久稳定发展。

参考文献

[1] 杨凤英 . 电子工程技术的现代化发展趋势探索 [J]. 信息记录材料，2018，19(09)：37-38.

[2] 闫珊珊 . 浅析电子工程技术的应用及发展趋势 [J]. 中小企业管理与科技 (下旬刊)，2018(07)：174-175.

[3] 刘太广 . 电子信息工程的现代化技术分析 [J]. 数字通信世界，2018(06)：72.

[4] 韩建波 . 电子信息技术在控制系统中的主要应用分析 [J]. 数字通信世界，2018(06)：154.

[5] 王志宽 . 简析电子工程技术措施的现代化发展进程 [J]. 城市建设理论研究 (电子版)，2017(11)：290.

[6] 张建忠 . 电子信息工程现代化技术研究 [J]. 电子制作，2016(18)：72-72.

[7] 童朝 . 电子信息工程的现代化技术应用研究 [J]. 信息通信，2016(2)：144-145.

[8] 杜平 . 刍议机械电子工程行业现状分析及未来发展趋势 [J]. 化工管理，2016(33).

[9] 傅思杰 . 探析机械电子工程行业现状分析及未来发展趋势 [J]. 企业导报，2016(06).

[10] 张文正 . 关于机械电子工程综述 [J]. 赤子 (上中旬)，2015(04).

[11] 电子工程中智能化技术的运用分析 [J]. 张娜 . 内蒙古科技与经济 .2016(19).

[12] 智能化技术在电子工程中的运用研究 [J]. 高金刚，李国志 . 城市建设理论研究 (电子版).2017(01).

[13] 关于电子工程运用智能化技术的探讨 [J]. 艾杰 . 电子技术与软件工程 .2016(15).

[14] 蒋冬升 . 关于电子信息工程的现代化技术探讨 [J]. 信息系统工程，2018(7)：144.

[15] 鄢庭锴 . 探讨电子工程的现代化前景 [J]. 黑龙江科技信息，2017(04).

[16] 张伟 . 浅析机械电子工程与人工智能的关系 [J]. 山东工业技术，2016(04)：39.

[17] 张硕 . 浅析电子工程的现代化技术 [J]. 通讯世界，2017(06).

[18] 刘稀瑶 . 电子工程的现代化技术与运用实践探寻 [J]. 军民两用技术与产品，2016(22).

[19] 郝东方 . 浅析电子工程的现代化技术在知识产权管理中的发展趋势 [J]. 网友世界·云教育，2017(19).

[20] 孟德庆 . 电子工程的现代化技术与应用研究 [J]. 电子世界，2017(17).